电力职业院校学员学生
安全管理知识

国家电网有限公司技术学院分公司　组编

中国水利水电出版社
www.waterpub.com.cn
·北京·

内 容 提 要

为不断强化电力职业院校学员学生安全工作意识，持续提高学生安全工作水平，全力确保学生队伍安全稳定，特编写了《电力职业院校学员学生安全管理知识》。全书共分四章，23节，主要包括安全管理、安全教育、心理健康教育、安全事件处置等，附录为学员学生安全管理规章制度。

本书可供电力职业院校学员学生管理人员学习和使用，也可供其他高等院校学生管理人员参考。

图书在版编目（CIP）数据

电力职业院校学员学生安全管理知识 / 国家电网有限公司技术学院分公司组编. -- 北京 ：中国水利水电出版社，2021.7
ISBN 978-7-5170-9735-8

Ⅰ. ①电… Ⅱ. ①国… Ⅲ. ①大学生－安全教育－高等职业教育－教材 Ⅳ. ①G641

中国版本图书馆CIP数据核字(2021)第136347号

书　　名	**电力职业院校学员学生安全管理知识** DIANLI ZHIYE YUANXIAO XUEYUAN XUESHENG ANQUAN GUANLI ZHISHI
作　　者	国家电网有限公司技术学院分公司　组编
出版发行	中国水利水电出版社 （北京市海淀区玉渊潭南路 1 号 D 座　100038） 网址：www.waterpub.com.cn E-mail：sales@waterpub.com.cn 电话：(010) 68367658（营销中心）
经　　售	北京科水图书销售中心（零售） 电话：(010) 88383994、63202643、68545874 全国各地新华书店和相关出版物销售网点
排　　版	中国水利水电出版社微机排版中心
印　　刷	北京瑞斯通印务发展有限公司
规　　格	184mm×260mm　16 开本　8.75 印张　213 千字
版　　次	2021 年 7 月第 1 版　2021 年 7 月第 1 次印刷
印　　数	0001—2000 册
定　　价	**85.00** 元

凡购买我社图书，如有缺页、倒页、脱页的，本社营销中心负责调换

版权所有·侵权必究

《电力职业院校学员学生安全管理知识》
编 委 会

主　　任	于　超				
副 主 任	杨华伟	王明军	于洪伟	姜　杨	刘　峰
编写人员	王　娇	王　莉	任　玮	刘　峰	刘　嫚
	李秀华	吴瑞敏	陈　媛	郑念来	金永广
	姜文佳	柴　彤	接怡冰	片秀红	石　展
	任　磊	张心一	李　艳	杜　燕	杨巍巍
	房　冉	金士琛	徐庆辉	蒋　乐	王　亮
	任永友	李元薇	李勇强	夏顺丽	徐明明
	漆　瑞	霍　焱	马小然	孔祥国	王伟斌
	王　健	左婷婷	庄　昊	何晓宇	张　鲲
	李光宏	李晓晓	李特特	杨　蕾	姚广志
	娄宝磊	柳　青	赵　婷	徐俊萍	鲁振伟
	刘通江				
统稿人员	刘　峰	陈　媛			

前　言

　　学员学生安全是电力职业院校管理永恒的话题，因为学员学生安全不仅关乎学员学生个人，还影响着家庭、送培单位、电力职业院校乃至全社会的安全稳定。在党的十九大报告中，55次提到"安全"，在十三届全国人大第三次会议《政府工作报告》中，多次提到"生命至上"的理念，充分表明以习近平同志为核心的党中央比以往任何时候都更加重视安全工作，这为我们做好学员学生安全工作提供了基本遵循。在所有影响安全的因素中，最大、最不可控的因素就是人的安全，在学院层面就是学员学生的安全。因此，以习近平新时代中国特色社会主义思想为指导，深入学习贯彻党的十九大精神，弘扬生命至上的理念，切实强化政治自觉和行动自觉，始终把学员学生安全工作摆在学院一切工作的首位，真正把保障学员学生安全作为学院一切工作的出发点和落脚点，严谨细致抓好学员学生安全各项工作，是学院必须完成的重大政治任务与长期战略任务。近年来，《中华人民共和国安全生产法》《中华人民共和国国家安全法》等安全法律法规相继制（修）订并颁布实施。安全法律法规呈现出处罚力度越来越重、连带范围越来越广、监管力度越来越严的特点。因此，全力确保学员学生安全是学院健康稳定运营的"红线"，学员学生安全责任事故是学院绝不可以跨入的"禁区"。一旦触碰"红线"、跨入"禁区"，轻则对学院造成一定程度的消极负面影响，重则影响学院的生存与发展。做好学员学生安全工作，一要牢固树立"以学员学生为中心"的工作理念，在学员学生安全工作中弘扬合规管理精神，强化学员学生管理规章制度执行的严肃性和权威性，切实把安全教育、安全隐患治理和安全管理机制落实到位。二要扎实落实"预防为主"的工作方针，推进学员学生生理和心理健康检查工作关口前移，加强学员学生入学教育，持续开展学员学生安全隐患排查治理，压紧压实学员学生安全管理工作责任，有效降低安全风险。三要按照"党政同责，一岗双责"和"管业务必须管安全"的工作要求，加强部门协同，进一步营造"人人讲安全，人人管安全，人人抓安全"齐抓共管的安全工作氛围，切实提升学员学生本质安全管理工作水平。本着上述"以人为本，合规管理""预防为主，源头管控"和"全员参与，齐抓共管"的工作原则，国家电网有限公司技术学院分公司（以下简称"学院"）组织了一批具备学员学生安全工作丰富经验的教师编写了本书，以期在学员学生安全管理内训过程中发挥重要指导作用。

本书由于超担任主编，杨华伟、王明军、于洪伟、姜杨、刘峰担任副主编，负责全书的策划、统筹和定稿工作。第一章由王娇、王莉、任玮、刘峰、刘嫚、李秀华、吴瑞敏、陈媛、郑念来、金永广、姜文佳、柴彤、接怡冰（按姓名笔画排序，下同）编写，第二章由片秀红、石展、任磊、张心一、李艳、杜燕、杨巍巍、房冉、金士琛、徐庆辉、蒋乐编写，第三章由王亮、任永友、李元薇、李勇强、夏顺丽、徐明明、漆瑞、霍焱编写，第四章由马小然、孔祥国、王伟斌、王健、王莉、左婷婷、任永友、庄昊、何晓宇、张鲲、李光宏、李晓晓、李特特、杨蕾、吴瑞敏、姚广志、娄宝磊、柳青、赵婷、徐俊萍、鲁振伟、刘通江编写，附录由刘峰、郑念来、陈媛、娄宝磊收集整理，全书由刘峰、陈媛统稿。

由于影响学员学生安全的内、外部因素不断变化，新问题不断涌现，加之作者水平所限，书中定有不当之处，恳请读者不吝批评、赐教。

作者

2021 年 3 月

目 录

第 一 章

安全管理

 导　读

习近平总书记在主持召开中央国家安全委员会第一次会议时强调，坚持总体国家安全观，构建集政治安全、国土安全、军事安全、经济安全、文化安全、社会安全、科技安全、信息安全、生态安全、资源安全、核安全等于一体的国家安全体系。学员学生安全隶属社会安全领域，在社会安全领域，最大、最不可控的因素就是人的安全，在学院层面就是学员学生的安全。在国家、国家电网有限公司（以下简称"公司"）和学院层面对学员学生安全工作提出更高要求的背景下，必须持续加强学员学生的安全工作。作为工作在学员学生管理一线的学工人员，应当全面了解安全管理的内容和流程，有效掌握安全管理的手段和方法，为提升学员学生本质安全工作水平不断做出积极贡献。

 内容提要

本章包括常规安全管理、专项安全管理、重要活动、重要时间节点安全管理三个小节。常规安全管理部分主要阐述了学员学生安全管理过程中学员学生教室和公寓安全责任区、学工人员 24 小时值班、学员学生安全管理重大事项报告、安全会议等安全相关的制度。专项安全管理部分从新冠肺炎疫情常态化防控、消防安全管理、少数民族学员学生安全管理三个方面阐述了安全管理的要求与措施。重要活动、重要时间节点安全管理部分阐述了期初、周末及节假日、国家重要会议期间、国家重要考试期间、学院大型活动期间、学院期末考试期间、结业（毕业）等重要活动、重要时间节点的安全管理要求。

 学习目标

1. 熟悉学员学生教室和公寓安全责任区的划分与职责。
2. 熟悉学院学工月度例会、校区学工周例会及班级安全主题班会制度。
3. 熟悉期初安全管理的内容，能够做到广泛宣传发动，提高学员学生安全意识。
4. 熟悉学院安全隐患排查工作机制，定期开展公寓大功率电器、管制刀具等违禁物品检查工作。
5. 掌握周末、节假日期间学员学生的留离校管理方法，尤其要掌握少数民族学员学生的情况。

6. 掌握国家重要会议及考试期间的安全管理方法，严格控制离校学员学生的数量，对每位学员学生的情况做到可知可控。

第一节 常规安全管理

一、学员学生教室和公寓安全责任区制度

（一）定义

学员学生教室和公寓安全责任区制度是紧跟国家和公司层面安全工作步伐，细化安全生产理念的具体体现，其定义是将大安全区域划分成相互不重叠的子区域，每个子区域分配专人负责。子区域是一个普遍意义上的责任范围描述，在学员学生安全管理工作中，主要是指教室和公寓区域。这样划分确保了学员学生安全这一重要职责通过更加优化的分区职责制来落实落地，力求做到安全分工"三有"，即有源头、有主干、有分支。

（二）工作意义

为大力营造"人人讲安全，人人管安全，人人抓安全"的安全工作氛围，切实提高学员学生本质安全管理水平，根据学院《学员学生教室和公寓安全责任区建设工作方案》，校区工作部学员学生教室、公寓实行安全责任人负责制。各相关安全责任人应当全面贯彻落实安全工作职责，深入学员学生教室和公寓，教育引导学员学生树立安全意识，持续开展安全隐患排查整改。同时，要认真填写教室、公寓安全检查记录，及时协调相关处室消除安全隐患，确保学员学生学习和生活场所安全可靠。

（三）安全责任人

学员学生教室和公寓安全责任区设总负责人、第一责任人和连带责任人。总负责人为校区工作部主任，第一责任人包括校区工作部主任、副主任，综合处（卫生所）、教务管理处、后勤工作处、安全保卫处全体干部员工，以及校区工作部学员学生工作处和发展中心公寓部负责人，连带责任人包括校区工作部学员学生工作处全体学工人员和发展中心公寓部员工。因安全责任人负责的学员学生教室和公寓发生安全责任事件或事故导致经济责任考核的，总负责人承担不低于考核经济责任的20%，第一责任人承担不低于考核经济责任的50%，连带责任人承担不高于考核经济责任的30%。

（四）安全职责

1. 教室安全责任人安全职责

（1）确保教室内无存放或使用易燃易爆物品、管制刀具、大功率电器等现象，如有发现，及时予以制止并收缴违禁物品。

（2）确保在无人看管的情况下，不使用教室电源对手机、电脑等电子设备进行充电的情况，如有发现，及时予以纠正。

（3）确保教室内不存在私拉乱扯电源、电线、网线、绳索等现象，如有发现，及时予以纠正。

（4）确保教室内不发生饮酒、吸烟、非法集会、打架斗殴等违反学院规定的行为，如

有发现，及时予以制止。

（5）定期查看教室内电源、电线、插座等是否存在老化、破损、松动等现象，如有发现，及时上报整改。

（6）定期对教室内的教学和生活设施是否存在安全隐患的情况进行排查梳理，如有发现，及时上报整改。

（7）定期向学员学生宣传学院有关教室安全的各项管理制度及要求，并监督制度的贯彻落实情况。

2. 公寓安全责任人安全职责

（1）消防安全，做到消防安全教育到位、检查到位并收缴大功率电器，杜绝公寓内吸烟，检查并纠正无人看管时对电子设备进行充电的现象等。

（2）用电安全，做到用电安全教育到位、检查到位并及时纠正私拉乱扯电源、电线、网线等现象，检查并整改老化电源电线，检查并收缴三无品牌电源插排等。

（3）设施安全，做到检查并整改存在安全隐患的生活设施。

（4）学员学生行为安全，做到学院规章制度宣贯到位，检查并收缴违禁物品，检查并制止公寓内违规饮酒，检查并纠正学员学生不按时就寝和夜不归宿行为等。

（五）安全责任人的职责履行

安全责任人对安全责任区的检查工作至少每两周一次，每次都需要第一责任人和连带责任人共同参与，并由第一责任人填写检查记录表。每月月底，检查记录表由第一责任人交至校区工作部综合处留存。对没有处理完成的问题还应当向上级领导汇报协调解决。

二、学工人员 24 小时值班制度

（一）学工人员 24 小时值班制度的定义

值班工作是学院强化安全管理、落实政令措施、通畅联系渠道、对外沟通协调的重要体现形式，对于学院实现安全管理、促进决策落实、加强沟通交流具有重要的意义。学工人员 24 小时值班制度，即在培训教学开展期间，保证在任何时间段，都有在岗的学工人员，及时有效处理突发事件，维护学员学生正常的学习和生活秩序，确保校园安全稳定。

（二）工作意义

全体学工人员必须严格按照要求做好值班工作，做到 24 小时无缝管理，必须保持 24 小时开机。遇有突发事件，根据学院重大事项报告制度及时上报，确保学员学生安全事项的可控、在控、能控。值班人员的主要职责是负责处理或者配合做好值班期间发生在学员学生群体中的突发事件，包括自然灾害事件、公共卫生事件、社会安全事件、人身伤害事件、危害学员学生人身、财产安全和校园安全稳定的其他突发事件等。

（三）工作要求

（1）值班学工人员应当严格按照值班表进行值班，按时到岗，不得缺岗，切实做好学员学生早操、上课前、晚自习和晚休情况检查，值班期间不得擅自离岗。

（2）值班学工人员在值班期间应当保持电话畅通。

（3）值班学工人员应当认真做好值班记录和交接班工作，尤其做好突发事件处理情况的交接工作。

（4）值班学工人员如遇特殊情况不能按值班表时间值班，可自行协商调换，并提前报告。

（四）值班检查事项

（1）早操检查事项。学工人员应当提前至少15分钟到达集合场地，抽点部分班级人数，并与当天负责点名的学员学生干部沟通检查情况。对于班级中未到的学员学生，应当向该班班长征询未出勤学员学生假条。

（2）上课前检查事项。学工人员应当提前至少15分钟到达教学场所外，检查所负责班级学员学生出勤情况。

（3）晚自习检查事项。学工人员应当走进晚自习教室，采取普查与抽查相结合的方式，查看学员学生到位情况。

（4）晚休检查事项。学工人员应当走进公寓，查看公寓内人数是否齐全，人员不全时，应当落实未按时返回公寓的原因。若发现不能确定原因的晚归或者夜不归宿学员学生，值班学工人员应当第一时间与该生班级学工人员或者班长取得联系，让其联络本人，确保该学员学生的人身安全。夜间值班时，值班学工人员应当按时到达值班室，夜间保持值班室电话、个人手机通畅，在夜间值班期间接到预警电话后，应当立即响应。

（五）突发事件处理

（1）及时抢险，以人为本。发生突发事件时，值班学工人员应当第一时间赶到事发现场并拨打救援电话，在确保安全的前提下组织现场救援，如发现有学员学生伤亡，应以救人为先。

（2）控制现场，及时汇报。对突发事件做出紧急处理，及时疏散人群，有效控制局面，保护事故现场，及时将事件情况逐级上报。

（3）安抚情绪，等待救援。安抚事发现场学员学生情绪，避免事态进一步恶化，执行上级指示，等待救援。

（4）部门联动，快速反应。上级在接到事件情况汇报后，应当根据事件情节采取恰当措施，情节较轻的可电话指挥处理；情节较重的应当尽快赶到事发现场，并通报相关部门协同处理；重大事件除采取上述措施外，还应当及时向学院领导和上级主管部门汇报。

三、学员学生安全管理重大事项报告制度

学员学生发生违法类重大事项、安全稳定类重大事项、网络舆情类重大事项或信访类重大事项后，校区工作部应当依法、及时处置，并在1.5小时内以电话形式向学员学生工作部报告，书面报告不应晚于3小时。涉及舆情管理事项的，应当同时抄报党委党建部。学员学生工作部在收到校区工作部电话报告后，应当立即向学院分管领导报告。学员学生工作部、党委党建部应当立即开展重大事项分析、研判工作，并将处置建议及时传达至校区工作部。发生学员学生人身死亡事件等重大安全事件的，学院应当向公司或者山东省教育厅提交书面报告。在全国两会等党和国家重大政治活动开展期间，学员学生安全管理重大事项执行每日零报告制度。

四、安全会议制度

学员学生安全会议主要包括学院学工月度例会、校区工作部周安全会议和学员学生安全主题班会。

（一）学院学工月度例会

每月初在学院层面召开学工月度例会，重点汇报和研讨学员安全状况统计月报，会议主要内容如下：

（1）重大事项情况。重大事项情况主要是指学员学生违法类重大事项、安全稳定类重大事项、网络舆情类重大事项和信访类重大事项。

（2）考勤情况。考勤情况主要是指学员学生是否存在迟到、早退、旷课的情况；学工人员或者班委是否存在不严格执行考勤制度的情况。

（3）请、销假情况。请、销假情况主要是指学员学生请、销假是否存在履行申请程序不当的情况；是否存在未办理请假手续而擅自缺课或者无故超假的情况。

（4）夜间就寝情况。夜间就寝情况主要是指学员学生是否存在不按时就寝或者夜不归宿的情况。

（5）周末节假日情况。周末节假日情况主要是指学员学生是否存在利用周末节假日外出聚餐饮酒的情况；是否存在在登记返回时间未能按时返回的情况。

（6）公寓情况。公寓情况主要是指学员学生是否存在在公寓内私拉乱扯电源电线，违规使用大功率电器的情况；是否存在在无人看护的情况下对手机、电脑等电子设备进行充电的情况；是否存在在公寓内存放易燃易爆物品、管制刀具等违禁物品的情况；是否存在在公寓内吸烟、饮酒的情况。

（7）网络舆情情况。网络舆情情况主要是指学员学生是否存在在公共媒体或者自媒体发布不当信息的情况。

（8）违纪处分情况。违纪处分情况主要是指学员学生是否存在被学院正式行文处分的情况。

（9）安全主题教育情况。安全主题教育情况主要是指校区工作部是否存在不按时开展入学教育或者日常安全主题教育或者周末节假日安全主题教育的情况。

（二）校区工作部周安全会议

校区工作部学员学生工作处每个学期应当制定周例会安全议题内容，并于每周初按计划召开学工周安全会议。会议主要内容如下：

（1）传达上级安全会议精神，听取学工人员安全工作汇报。

（2）结合实际分析班级安全形势，安排部署学院近期安全工作。

（3）组织学工人员针对会议议题展开大学习、大研讨，每名学工人员就安全工作发表意见，且整体研讨时间不少于半小时。研讨的议题包括月度安全汇报中强调的安全问题和社会存在的热点问题。学工人员在会议结束后应当及时将会议内容传达到班级两委。

（三）学员学生安全主题班会

学员学生安全主题班会应当常态化开展，至少每两周举行一次。班会主要内容如下：

（1）向班级传达安全会议精神，通报近期安全事件动态，强调校园安全注意事项。

（2）开展校园安全主题教育，切实加强学员学生的安全意识。

（3）组织班级学员学生开展安全主题讨论工作并及时掌握学员学生思想动态。

第二节 专项安全管理

一、新冠肺炎疫情常态化防控

（一）常态化防控总要求

守纪律、勤洗手、多通风、戴口罩、讲卫生、不聚集。

（二）常态化防控具体措施

1. 考勤

上课期间，每日在课前（7：50、13：50）学生进入教室（实习实训室）之前以及夜间21：30学生在公寓期间，学生通过登录"掌上学院"APP进行考勤。周末及节假日期间，每日10：00、16：00、21：30，学生在教室或者公寓（白天考勤地点可安排在教室或者公寓、夜间考勤地点安排在公寓）通过登录"掌上学院"APP进行考勤。考勤过程中学工人员安排学生干部进行现场督导。

2. 缺勤登记追踪

发现未出勤学生的，学工人员应当第一时间与学生取得联系，确定人身去向。经核实，未出勤学生在校的，学工人员应当要求学生立即返回教室（实习实训室）或者公寓。未出勤学生离校的，学工人员应当要求学生立即返校，同时提醒离校学生做好途中防护，记录离校期间乘坐公共交通工具和到达场所信息，填写"疫情防控期间离校学生登记表""返校学生乘坐公共交通工具和返校途中停留场所登记表"，并在返校后将登记表报送学工人员备案，同时将相关情况报告所在校区学员学生工作处负责人，并通知学生家长。学工人员无法与未出勤学生取得联系的，应当立即报告所在校区学员学生工作处负责人，校区工作部应当立即报告学员学生工作部，同时通知学生家长。在与未出勤学生取得联系之前，学工人员应当通过各种方式持续开展联系工作。

3. 离校请假

疫情防控期间，学校实行封闭式管理。除特殊原因外（需严格履行请假手续），学生必须按时出勤，不得离校。学生经办理请假手续离校前，学工人员要提醒离校学生做好途中防护，记录离校和返校期间乘坐公共交通工具和到达场所信息，填写"疫情防控期间离校学生登记表""返校学生乘坐公共交通工具和返校途中停留场所登记表"，并在返校后将登记表报送学工人员备案。学生离校的，学工人员应当组织离校学生登录"山东省教育疫情信息采集"平台报送出行信息。

4. 明确活动轨迹

在校园内，学生要根据学校规定明确个人日常学习空间和活动轨迹，将活动范围控制在教室、公寓、食堂等。人与人之间要保持合理距离。

5. 开展适量运动

每天保持适量运动，选择人员较为稀疏的空旷开放空间进行室外运动。

6．积极调试情绪

不信谣、不传谣。积极调试个人情绪，持续保持平和心态。

二、消防安全管理

（一）消防安全常态管理

为预防火灾发生，保障学院师生的生命财产安全和学院财产安全，在消防安全管理方面需重点做好以下工作：

（1）提高学员学生的消防安全意识。平时注重加强防火安全的教育，定期召开消防安全知识讲座，让学员学生熟知消防自救常识和安全逃生技能。召开以消防安全为主题的班会，通过开展形式多样的活动增强学员学生的消防观念。

（2）开展消防安全演练活动。教育学员学生熟练掌握灭火器、消防栓、灭火毯的使用方法，并掌握应急逃生的技巧和方法。

（二）冬季消防安全专项检查

开展冬季消防安全专项检查活动，全面消除消防安全隐患，防止火灾事故发生。活动分为以下两个阶段：

（1）安全自查阶段，学工人员对各自负责班级的教室和公寓进行消防安全隐患自查，进行全面排查摸底，并填写隐患排查治理登记表。重点检查是否存在私拉乱扯电源电线、使用大功率电器等行为。

（2）集中检查阶段，学院对安全自查开展情况、问题隐患整改完成情况进行检查，对未完成整改的安全隐患及时通知相关部门进行整改。

三、少数民族学员学生安全管理

（一）少数民族学员学生特点

1．学员学生来源广

学员学生来源广，导致文化差异较大，针对这一点，学工人员应当把加强民族团结教育作为工作前提，通过多种形式构建各民族学员学生交流的平台，确保各民族学员学生之间和谐相处。

2．学员学生文化程度各异

少数民族学员学生求知欲高，针对这一点，学工人员应当鼓励少数民族学员学生积极参加各类文体活动，在活动中提高文化修养、促进文化交流，进一步激发求知欲。

3．学员学生才艺丰富

少数民族学员学生都有本民族的独特才艺，学工人员可以抓住少数民族学员学生的这一特点，"扬其所长"，不断激励少数民族学员学生自信心，持续加深学员学生之间、学员学生与老师之间的信任与理解。

（二）配备管理力量

结合少数民族学员学生的实际情况，统筹配备专职学工人员专门负责少数民族学员学生日常管理工作。同时，充分发挥驻院辅导员的思想引领作用，不断加强少数民族学员学生的教育管理工作。选派政治素质高、学习成绩优秀、工作经验丰富的学员学生干部，担任学工人员助理，融入少数民族学员学生中，了解和反馈学员学生的思想状况，及时反馈给学工人员，做好上情下达、下情上传的桥梁纽带作用。

（三）做好思想工作

开展心理测评，对学员学生进行全面摸底。认真开展谈心谈话活动，深入了解学员学生的思想动态，对重点学员学生进行关注和帮扶。定期对少数民族学员学生进行思想政治教育和警示教育，积极开展民族团结、"五个认同""四个意识""去极端化"等方面的思想政治教育工作，杜绝学员学生出入宗教场所、参加宗教活动，培养学员学生自觉维护祖国统一、维护民族团结，自觉抵御"三股势力"的渗透，积极推动少数民族学员学生向党组织靠拢。

（四）严格日常管理

按照《学员学生日常行为规范》要求，规范少数民族学员学生日常行为，落实混班、混宿、混餐制度，强化国家通用语言的使用，不准在公共场合内使用少数民族语言进行交流。从早操、日常纪律、教室标准化、公寓标准化、班级建设五个方面严抓少数民族学员学生日常管理，不断提高少数民族学员学生综合素质。辅导员定期检查学员学生电子产品、移动硬盘等，查看有无非法音视频，并配合国家安全部门开展相关检查。

第三节 重要活动、重要时间节点安全管理

一、期初安全管理

（一）开好第一次班会

对全体学员学生进行考勤，对考勤未到的学员学生要立即查明原因，重点关注在学习、生活、心理健康等方面发生过问题的学员学生，严格落实"一人一策"要求，准确掌握其思想动态，全力确保安全稳定。召开第一次班会，传达在学习、生活等方面的安全工作要求，重点学习用电、消防、交通、防溺水、意外伤害、食品卫生等安全知识，并做好教育学习记录。

（二）做好第一次值日

班级当日值日生根据教室标准化建设工作要求，做好教室第一次清洁工作。公寓当日值日生根据公寓标准化建设工作要求，做好公寓第一次清洁工作。校区工作部做好学员学生公寓专项检查（普查）工作，重点检查公寓内部私拉乱扯电源电线、使用大功率电器的现象。

（三）跑好第一次早操

在天气符合条件的前提下，全体学员学生必须参加早操。校区工作部安排值班人员做好学员学生早操专项检查工作，对首次早操迟到的或者旷操的，由学工人员责令违纪学员学生作出书面检查，并进行量化考核。

（四）上好第一堂课程

全体学员学生必须在 7：50 前进入教室（实习实训室），班长进行课前点名，对首

次上课迟到的或者旷课的，由学工人员责令违纪学员学生作出书面检查，并进行量化考核。

（五）用好第一次晚自习

学工人员教育引导全体学员学生制订学习计划，建立"小目标"，用计划和目标有效指导学员学生个人本学期的日常学习和生活。

（六）建立安全文明纪律管理工作常态工作机制

在开好第一次班会、做好第一次值日、跑好第一次早操、上好第一堂课程、用好第一次晚自习的基础上，校区工作部要建立安全文明纪律管理工作常态工作机制，建立本学期日常检查工作计划，通过"纪律标兵""文明公寓"等多种评优方式提高全体学员学生加强自我教育、自我管理、自我服务的积极性和主动性，不断提升校区工作部学员学生安全管理和日常管理工作水平。

二、周末及节假日安全管理

（一）召开离校安全主题班会

重点强调以下内容：一是严禁学员学生到水库、荒山、建筑工地等人烟稀少或危险场所活动；二是提醒学员学生防火、防盗，注意交通安全，尽量结伴而行，增强学员学生的安全防范意识，提升学员学生的安全防范能力；三是留校学员学生的安全问题，重点强调公寓用电安全问题，杜绝存在使用大功率电器和吸烟行为，遵守学院和公寓周末及节假日管理规定。

（二）做好离校统计工作

每位学员学生在离校前填写离校登记表，详细记录离校及返校时间，并写清目的地、联系人及联系方式。

（三）建立与家长的沟通交流机制

与学生家长逐一落实离校学生在外情况，从严执行校门出入制度，指定班级负责人完成假期查寝，并按时上报。

（四）及时处理突发事件

对于假期期间出现的突发事件，第一时间与送培单位或者家长取得联系并逐级上报，积极配合学院、送培单位或者家长处理。

三、国家重要会议期间的安全管理

在党代会、全国两会等党和国家重大政治活动开展期间，学工人员应当加强对班级的安全管理，学员学生安全管理重大事项执行每日零报告制度。

（1）召开主题班会。召开主题班会向学员学生传达国家会议的主要内容及精神，提高学员学生的思想觉悟水平。

（2）加强舆论监督。重视网络舆情，指定专人对学员学生比较关注的论坛进行监督，一旦发现可能导致负面效应的网络舆情，学工人员在处理的同时应当逐级上报，避免网络舆情出现的不良影响。

（3）加强学员学生在校期间的安全管理工作。严格考勤制度，指定班级负责人每日上报班级考勤情况，严格执行学院的请销假制度，对于请假外出的学生，务必做到逐一与家长核查情况。

（4）做好学员学生的跟踪服务情况。学员学生外出后，学工人员要保持好与学员学生、家长的联络，确保能够掌控学员学生在校外的情况，发现异常情况立即上报。

四、国家重要考试期间的安全管理

普通高考、成人高考、公务员考试、英语四六级考试等国家重要考试期间要做好学员学生管理工作，坚决杜绝学员学生出现替考行为。

（1）强化教育。加强对学员学生的教育，组织学习《中华人民共和国刑法修正案（九）》《中华人民共和国教育法》等法律法规，让学员学生认识到违规参加考试和替考的严重后果，从思想上遏制此类现象的出现。

（2）严格管理。考试期间学工人员对在校学员学生逐一清点、核查，要严格学员学生请假制度，无特殊理由不得请假，确因特殊情况需请假的，学工人员应落实好去向。

（3）严肃问责。一旦发现有违反规定的学员学生，及时上报学院，并按照学院规定进行处理。

五、学院大型活动期间的安全管理

学院大型活动必须按照"安全第一，预防为主"的原则，制订详细的活动方案，完善活动组织形式，指定专人维持好现场秩序，确保活动稳定有序开展。

（1）做好学员学生思想教育工作。校区工作部组织召开专题班会，传达学院通知要求，重点强调学员学生在活动期间的行为举止和注意事项，教育引导学员学生做到阳光健康、礼貌待人，杜绝不文明行为，并做好重点学员学生的心理疏导工作。

（2）做好教室和公寓卫生清洁工作。教室和公寓清洁情况是学院对外展示学员学生综合素质和良好形象的门面，在学院大型活动尤其是有外来人员参观的大型活动期间务必做好教室和公寓清洁工作。

（3）做好学员学生遵章守纪工作。学员学生必须按时上课或者自习，并注意课堂纪律，坚决杜绝在教室或者实训场所玩手机、吃零食、交头接耳等违反课堂纪律的行为。

六、学院期末考试期间的安全管理

考试期间学工人员要做好学员学生的思想动态分析，严格把控学员学生的思想动态。及时缓解学员学生的考试压力，做好心理疏导，尤其做好考试期间公寓的安全管理工作。

（1）召开期末考试期间的安全管理主题班会。强调学员学生在非考试时间在公寓的纪律问题，禁止打闹影响他人休息。

（2）班级负责人每日汇报。班级分别指定男女生负责人，定时向学工人员汇报在校学员学生人数。

（3）学工人员按时检查。学工人员每日到公寓检查学员学生情况，重点检查公寓内存在的安全隐患并及时上报处理。

七、结业（毕业）安全管理

（一）加强安全教育

召开主题班会专题传达学院结业（毕业）期间严格管理的有关要求，深入开展安全教育工作，确保全体学员学生严格遵守。

（二）加强日间管理

学员学生在结业（毕业）期间，没有特殊情形不得外出。其中，学员没有所在送培单位批准，不得离开校区工作部所在城市。学员学生外出必须做好登记，明确具体去向、联系人员及返回时间。外出学员学生在登记返回时间未能按时返回的，班委及学工人员必须第一时间与外出学员学生或者登记联系人员取得联系，督促其尽快返回，并严肃考核。

（三）加强夜间管理

学员学生在结业（毕业）期间必须按时就寝休息，夜间 22：00 前必须回到公寓房间，22：30 前必须熄灯就寝，学员学生不得在外留宿。校区工作部加强巡视，重点检查学员学生不按时就寝、夜不归宿等违规行为。对夜不归宿者，要第一时间与其取得联系，责令立即返回，并严肃考核。

（四）严禁聚餐饮酒

学员学生结业（毕业）期间严禁外出聚餐饮酒或者相互宴请。经查实在结业（毕业）前外出聚餐饮酒的，严肃考核。

 **思考与练习**

1. 学员学生教室和公寓安全责任区是如何定义的？安全责任人的职责是什么？
2. 期初安全管理的内容有哪些？
3. 周末节假日期间学员学生的留离校管理方法有哪些？
4. 国家重要会议期间的安全管理方法有哪些？

第二章

安全教育

 导　　读

　　安全教育是学院思想政治教育的一个重要组成部分。安全教育涉及的内容非常广泛，应当与学院的一切教育活动相联系，与学院的思想政治教育、道德教育、民主法治教育、校规校纪教育、心理健康教育等相结合。学工人员应当根据学院自身特色和学员学生特点，采取多种措施，切实组织开展好各类安全教育工作，普及安全知识。安全教育工作主要包括入学教育，安全主题教育和离校教育。将安全教育纳入素质教育的范畴，并贯穿人才培养的全过程，使学员学生在学好专业知识的同时，接受必要的安全教育，不断提高自我保护和安全防范能力。

 内容提要

　　本章包括入学教育、安全主题活动、离校教育三个小节。入学教育包括学员学生手册学习、军训、学员学生日常行为规范宣贯以及教室和公寓标准化建设制度宣贯等。安全主题活动部分阐述了法律法规和校规校纪教育、防盗、防诈骗、防抢劫、消防、交通、交友、防传销、网络、心理健康等安全主题活动的工作要求。离校教育部分阐述了学生周末、节假日、外出实习、结业（毕业）离校时，学工人员开展安全教育工作应当重点聚焦的工作内容。

学习目标

　　1. 熟悉入学教育相关制度文件的内容，掌握开展入学教育的方法和流程。
　　2. 熟悉安全主题教育相关制度文件的内容，掌握开展安全主题教育的方法和流程。
　　3. 熟悉离校教育相关制度文件的内容，掌握开展离校教育的方法和流程。

第一节　入　学　教　育

　　如何让学员学生尽快适应集体生活，是学工人员面临的首要问题，也是学员学生工作能否顺利开展的基础。入学教育包括学员学生手册学习、军训、学员学生行为规范以及教室和公寓标准化制度的宣贯等。

一、学员学生手册学习

（一）学员手册学习

学员报到的当天晚自习期间，由学工人员在各班级教室领学《学员手册》。

（1）通过观看入学教育视频《新员工集中培训班培训指南》进行概括学习。

（2）通过阅读《学员手册》进行具体条款学习，重点学习《国网人资部关于进一步严肃培训纪律加强培训学员安全管理的通知》《国家电网有限公司技术学院分公司新员工集中培训班学员请销假管理办法》《国家电网有限公司技术学院分公司新员工集中培训班学员违纪处分管理办法》《国家电网有限公司技术学院分公司新员工集中培训班学员综合素质考评办法》等公司、学院规章制度。

（3）进一步强调安全重点内容，包括但不限于关于饮酒、交通、饮食、心理、财产、消防、舆情安全等的安全教育；关于出勤、卫生、着装等方面的纪律要求；关于学员请假的相关规定等。

（二）学生手册学习

学习学生手册的首要目的在于引导学生遵守校规校纪，规范个人行为。学生手册内容包括但不限于《普通高等学校学生管理规定》《高等学校学生行为准则》《山东电力高等专科学校章程》《山东电力高等专科学校学生管理规定》等。开展入学教育时，尤其要重点学习违纪处分管理办法。学工人员可以通过典型案例介绍教育引导学生尽快熟悉学生手册相关规定。学习后，组织全体新生签署"山东电力高等专科学校学生在校期间人身安全承诺书"。

二、军训

军训的目的是通过严格的军事训练提高学员学生的政治觉悟，激发爱国热情，发扬革命英雄主义精神，培养艰苦奋斗、刻苦耐劳的坚强毅力和集体主义精神，增强国防观念和组织纪律性，养成良好的学风和生活作风，掌握基本军事知识和技能。军训的内容包括军事训练、内务训练、国防教育等。军训期间，学工人员要保障好学员学生在军训期间的人身安全，并做好后勤协调工作。学工人员应当在军训前提前了解学员学生情况，带病、带伤的学员学生，军训期间家中发生重大变故的学员学生，有重大疾病史的学员学生，对参加训练有较强抵触情绪的学员学生，在没有做好思想工作前不要强制其参加训练。学工人员应当和教官做好各项工作的对接，及时沟通交流，发现问题及时处理。

军训结束，并不意味着准军事化管理模式结束。学工人员应当督促学员学生继续保持规律的生活饮食习惯，告知学员学生如果身体不适，不能跑早操，则提前办理相关手续。对于培训教学期间即将到来的第一个周末，许多学员学生会有出行计划。作为学工人员，应当再次强调以下内容：

（1）用车安全。因学员学生对学院所在城市不熟悉，打车时应当提高警惕，杜绝乘坐黑车，减少夜间打车，女生不要单独出行，尽量结伴而行。

（2）饮食安全。生活环境发生变化，容易出现水土不服症状，应当适当提醒学员学生，减少刺激性食物的食用，当学员学生感到身体不适时，应当及时就医。杜绝在任何场所饮酒。

（3）住宿安全。对于出行需要外宿的学员学生，学工人员应当掌握其人身动态，尽量选择连锁酒店及以上级别酒店入住。

三、学员学生日常行为规范宣贯

以习近平新时代中国特色社会主义思想为指导，深入贯彻党的十九大精神，落实立德树人根本任务，大力弘扬社会主义核心价值观，引导学员学生坚定崇高的理想信念，养成优秀的道德品质，树立自觉的安全意识，端正正确的学习态度，塑造良好的公众形象，保持规范的仪容仪表，掌握全面的社交礼仪，遵守严谨的活动规则，培养优雅的就餐习惯，规范文明的网络行为，努力成长为德智体美劳全面发展的社会主义建设者和接班人。

（一）理想信念规范

（1）认真学习马克思列宁主义、毛泽东思想、邓小平理论、"三个代表"重要思想、科学发展观、习近平新时代中国特色社会主义思想，把科学理论转化为指导实践的强大力量，不忘初心、牢记使命，勇于担负起时代赋予的历史重任。

（2）牢固树立"四个意识"，以党的旗帜为旗帜，以党的方向为方向，以党的意志为意志，积极弘扬民族精神和时代精神，主动加强对爱国主义、集体主义和社会主义的学习领会，树立正确的历史观、民族观、国家观、文化观。

（3）坚决反对一切分裂祖国、破坏民族团结和社会和谐稳定的行为，理性爱国。正确处理国家、集体和个人三者的利益关系，增强社会责任感，热爱祖国，服务人民，甘愿为祖国为人民奉献终身。

（二）道德品行规范

（1）严格遵守国家宪法法律，树立宪法法律至上的法治理念，正确行使权力，依法履行义务，敢于、善于同违法行为作斗争。自觉遵守学院规章制度，爱护学院声誉，维护学院利益，勇于同损害学院形象的言论和行为作斗争。

（2）主动学习中华优秀传统文化，挖掘掌握中华优秀传统文化蕴含的思想观念、人文精神、道德规范，与时代和实践相结合，不断提高思想觉悟、道德水准、文明素养，持续提升社会责任意识、规则意识、奉献意识。

（3）孝敬父母，多尽孝心，多报恩德，不辜负父母的期望。诚实守信，履约践诺，知行统一，用正确的方法做正确的事情。恪守底线，自尊自爱，自省自律，自觉抵制黄、赌、毒等不良诱惑。明礼修身，团结友爱，待人礼貌，做到尊敬师长，友爱同学，男女文明交往。勤俭节约，艰苦奋斗，杜绝浪费，不追求超越自身和家庭实际的物质享受。

（三）安全生产规范

（1）坚持从"要我安全"到"我要安全"的转变，牢固树立"安全第一"的意识。严格遵守实训设备设施操作规程，及时排查整改安全隐患，让安全成为一种习惯，做到不伤害自己、不伤害他人、不被他人伤害、保护他人不受伤害。

（2）严格遵守安全用电规定，正确使用电源电器，不使用大功率电器，离开教室或者公寓及时断电断充。熟练掌握防火设备设施的使用方法，发现火灾隐患及时报告处理。发生火灾沉着冷静，在不伤害自己的前提下及时扑救并报告。

（3）注重人身安全，生活中以礼待人，不与他人发生冲突，不参与传销，在力所能及的范围内开展体育运动。注重财物安全，贵重物品随身携带，教室、公寓无人时随手锁门。注重假期安全，不参与危险活动，杜绝聚餐饮酒。注重交通安全，严格遵守交通规则，不乘坐"黑车""黑的"。注重隐私安全，妥善保管个人隐私，隐私被侵犯时立即采取补救措施。

（四）学习创新规范

（1）梦想从学习开始。遵章守纪，按时上课，不迟到、不早退、不旷课，请假时严格履行请、销假手续。专心听讲，勤于思考，积极参加讨论，勇于发表见解，上课时不做与学习实训无关的事情。按时完成作业，不作弊，不剽窃。

（2）事业从实践起步。积极参加各级各类竞赛比武和文体活动，主动承担急、难、险、重、新的创新创业任务，在日常工作和学习中以积极包容的心态客观面对问题，以严谨求实的作风认真解决问题，通过行动不断磨炼提升自己。

（3）尊重教师，路遇教师要停止前进，主动表达"您好"或者"教师好"，待教师离开后再行前进。与教师交谈语调要自然、柔和，音量适中，态度尊重，表情谦虚，不做不雅或者不敬动作。课堂上坚决服从教师安排，一切行动听指挥。

（五）公众场所规范

（1）遵守公德，自觉维护公共秩序，自觉履行公民社会责任。不破坏公共卫生，不随地吐痰，不乱丢果皮、纸屑、烟头。不破坏公共环境，不攀折树木、践踏草坪。在公共场所服饰得体，举止文明。不浪费公共区域的水、电、耗材等，养成勤俭节约的良好习惯，持续提高成本意识。

（2）在公共场所行走要保持正常速度，杜绝踱步、拖沓；与位尊者同行，以右为尊；男女同行，男士居左或者道路外侧，杜绝男女举止亲密。行走中不得嬉闹、喧哗，与他人相遇要互相礼让，不得抢行。乘坐电梯要主动礼让，先下后上。

（3）站有站姿，坐有坐姿。抬头挺胸，腰板挺直，微收下颌，男士两腿并拢或者平行分开与肩同宽，双手自然下垂或者在身前、身后交叠；女士脚跟并拢、两脚呈 V 字分开或者成丁字步站立，双手在身前自然交叠。轻稳落座，上身挺直，微微前倾，安详端坐，稳重大方，着裙装女士注意保护隐私。

（六）仪容仪表规范

（1）头发保持整齐，不烫染奇异发型，男士前不过眉，侧不过耳，后不过领，不剃光头；女士符合个人形象和气质，不佩戴夸张头饰；上课时间不戴围脖、帽子。面部保持清爽，男士不露鼻毛，不留胡须；女士不浓妆艳抹，可淡妆；眼镜保持镜片清洁，无指纹，无油渍。手部保持干净，指甲修剪整齐，指甲内无污垢，不留长指甲，不使用有色指甲油。

（2）上课实训期间一律着校服（实训服）。校服（实训服）保持干净平整，纽扣齐全，无线头，无破洞。校服（实训服）口袋不得装体积较大的物品，以免鼓起。皮鞋（运动鞋）应经常擦拭，保持整洁光亮。禁止在校园内穿背心、短裤、超短裙、拖鞋或者其他奇装异服走动或者进入教室、实训场所。

（3）交谈时要自然、自信，态度和气，语言得体。讲普通话，养成使用"您好、谢谢、请、对不起、再见"等礼貌用语的习惯。注意语言技巧，接受别人帮助或者称赞，应及时致谢；给他人造成不便，应及时致歉；避免命令式语言，少用否定式语言，言辞不可伤害他人人格，拒绝他人尽量委婉。

（七）社交礼仪规范

（1）面对他人要始终保持微笑，面色温和。他人来访，应立即起立致意，表示尊重和欢迎。拜访他人，进入他人房间前，应轻轻敲门，得到允许后再进入，切忌不敲门或者未经允许直接进入他人房间，离开他人房间后，应轻轻关门。未经他人允许，不得翻阅他人资料，不得动用他人物品。

（2）与他人握手应根据他人习惯选择使用左右手，一般用右手握手，握手时忌戴手套、忌力度大，握手时间一般在一至三秒为宜。握手时应双目注视对方，眼光聚焦对方鼻尖上方、眼睛下方。与多人同时握手应注意握手顺序，切忌交叉握手。异性间握手，男士等女士先伸手；长幼间握手，年轻者等年长者先伸手；上下级间握手，下级等上级先伸手；主客间握手，主人应主动伸手。不得拒绝他人的主动握手。手部不清洁时，应谢绝握手，并解释与致歉。

（3）为他人指引方向，应面带微笑，手指并拢，手掌指向所示方向。为他人引导路径，应保持在他人左前方二步至三步的距离，并调整步速与他人一致。引导他人上楼时，他人在前；下楼时，他人在后；引导着裙装女士上楼，应男士在前，女士在后。引导他人进入电梯，电梯内有人，他人先进；电梯内无人，他人后进；离开电梯，他人先出。

（八）会议活动规范

（1）在会议或者活动开始前应按规定时间入场，避免迟到。参加会议或者活动，应按会议通知要求统一着装。进入会议或者活动场所，按规定座次入座，没有规定座次时，先坐满前排，再依次往后排就座。没有规定座次，但会议或者活动有领导、教师、长者参加，不宜直接前排就座，应视现场情况选择就座。领导、教师、长者进场时，应视会议要求，鼓掌以示欢迎，鼓掌时面带微笑，抬起两臂，左手至胸前，掌心向上，除右手拇指以外的其他四指轻拍左手中部，节奏平稳，频率一致，掌声大小要与会议或者活动类型相协调。

（2）在会议或者活动期间对手机等通信工具应关闭或者设置为静音模式，禁止接听或者拨打电话。在会议或者活动场所不喧哗，不交头接耳，不喝倒彩，不打瞌睡，认真听会或者参加活动，不做与会议或者活动无关的事情。领奖人员在主席台领取证书或者奖杯，应始终面带微笑，视颁奖人员伸手情况握手表示感谢和再次感谢，双手接过证书或者奖杯后，向右转面向会场观众，会场观众应鼓掌以示祝贺。

（3）在会议或者活动结束后，应等待领导、教师、长者离场后，再行起立按次序退场。领导、教师、长者离场时，应视会议要求，鼓掌以示送别。离开会议或者活动场所时，应将座椅归位，把资料、矿泉水瓶、纸巾等物品收好带走。

（九）餐厅就餐规范

（1）取餐时遵守秩序，自觉排队。遇有领导、教师、长者取餐，应主动礼让。自费餐或者自助餐均要适量购买或者取用，杜绝浪费。餐卡出现问题，应与餐厅工作人员说明情况，同时出具其他有效证件证明身份，切忌与餐厅工作人员发生口角冲突。

（2）就餐时保持安静，不要啜食、咂嘴，咀嚼或者吞咽时避免出现较大声响。就餐中不要用筷子、汤勺敲打碗碟、桌面或者把筷子、汤勺指向他人。就餐中需要打喷嚏或者擤鼻涕时，要离席或者掩面进行处置，避免直面餐桌或者隔座人员方向进行处置。鱼刺、肉骨、果核、用过的牙签、餐巾纸，不能直接堆放在餐桌上，应堆放在放残渣的碗碟内。就餐时应尊重少数民族的饮食禁忌和习惯。

（3）就餐后离席时，应主动帮助隔座领导、教师、长者或者女士拖拉座椅，自觉把餐具放置在餐厅指定位置，根据要求把食物残留和牙签、餐巾纸分类倾倒在指定回收箱。倾倒或者放置时要自觉排队，稳倒轻放。倾倒时如果不慎弄脏他人衣服，应立即表达歉意并视情况在事后协助他人清洗。

（十）网络行为规范

（1）自主管理好本人的自媒体，不在自媒体发布违反法律法规、社会公德、职业道德或者家庭美德的信息。依规监督好他人的自媒体，对发现的其他自媒体发布的违反法律法规、社会公德、职业道德或者家庭美德的信息，及时提醒删除并视整改情况报告学院。

（2）不在公共媒体或者自媒体发布有损国家、公司或者学院安全稳定的不法信息或者虚假信息。发现其他公共媒体或者自媒体发布上述信息时，及时报告学院进行处置，全力维护国家、公司或者学院声誉。

（3）依法合理运用网络表达诉求，主动担当维护网络文明与道德的使命，不组织、不参与、不围观网络恶意攻击、人肉搜索、匿名侮辱、不当评论等网络暴力行为，全力维护他人的隐私和尊严，做负责任的网民。遭遇网络暴力行为要沉着冷静应对，摆正心态，及时报告学院联系涉事网络平台或者自媒体所有者进行处置并依法追究责任。

四、教室和公寓标准化建设制度宣贯

学院本着"全面从严治校"的工作方针，结合校区学工对标和班级对标工作，建立教室和公寓标准化建设制度。

（一）教室标准化

1. 桌椅

班内所有桌椅排列整齐，竖成列，横成行。上课期间桌面只许放置本节课程教材、笔记本、笔；课余时间座椅统一放在桌子下边，所有学习用品摆放在书桌抽屉内，抽屉内无其他杂物；班级学员学生统一按照班内座次从前向后依次就座；剩余桌椅在班级后面，桌面及桌洞不准有任何物品，且保证与前面桌椅保持竖成列，横成行。

2. 门窗

干净整洁，门上无污迹，玻璃上无污迹、不得贴有纸张，窗台上不准放任何物品。

3. 地面

干净、无杂物、不准粘贴任何标示物。

4. 墙面、天花板

干净整洁，无粘贴物、鞋印、球印等污迹。

5. 日光灯、窗帘

表面无污垢、无破损。

6. 多媒体设备

无污垢、粘贴物。

7. 暖气片、各类开关

干净整洁，无污垢、粘贴物。

8. 讲台、黑板

讲桌上除座次表外，无其他粘贴物，黑板上无粘贴物。

9. 公告板

班级通知等必须粘贴在班级公告板限定区域。

10. 班级文化建设墙

班级文化建设墙位置为教室后墙面，班级文化建设宣传作品必须粘贴在班级文化建设墙区域，班级获得荣誉奖状等物品统一放置在班级文化建设墙上方。

11. 手机收纳袋

上课期间学员学生手机统一放到手机收纳袋中，各班学工人员指定班委为每日手机收集人，做到课前把手机集中收齐按照学号放入手机收纳袋中，课后由手机收集人将手机返还给手机所有人。

12. 清洁工具

拖把统一悬挂在班级后墙面挂钩上，且悬挂高度保持一致，悬挂拖把墙面粘贴塑料板，防止拖把水分浸湿墙面，悬挂拖把下方放置塑料盒。扫帚统一悬挂在班级后墙面挂钩上，且悬挂高度一致。簸箕摆放在洁具存放区内，且无垃圾等物品。垃圾桶摆放在洁具存放区内，桶内垃圾、杂物及时清理。

（二）公寓标准化

1. 整体要求

每日早、中两次整理内务；床铺平整、桌椅整齐、卫生工具定置摆放、公物无损坏；公寓内无私拉乱扯电源、电线、绳索现象；严禁违规使用大功率电器。

2. 床铺

被子竖叠三折，横叠四折，叠口朝门，一律放在床铺靠窗子侧；枕头放在床铺内侧；床铺上不允许无被子；床上做到平（褥子平整）、方（被子叠成豆腐块）、净（床单、被罩经常换洗）、齐（枕头与被子平齐）；衣物及其他物品不可置于床上，能放到橱子里的物品一律放到橱子里，其他不能放进去的放在个人皮箱内。

3. 桌面

桌面允许摆放水杯、电脑，摆放整齐有序，离开公寓的时候电脑要关闭、合上，不允许连接充电器、网线。水杯放在靠近橱柜的桌角上，最多不能超两个；书籍尽量放到橱柜内，摆放整齐，如需要放置在桌面，只能摆放不超过五本的专业书籍，按照高矮顺序，统一靠在橱柜侧的墙壁上；贵重物品自行收好，防止失窃。

4. 地面

每人的鞋子鞋尖朝里，鞋跟朝外，整齐摆放在橱下，依次摆列，鞋跟距床架外侧约

10厘米；洗漱用具放在脸盆内，脸盆置于床下椅子内侧，毛巾折两折放脸盆内；地面保持干净，无果皮、纸屑、积尘，无水渍，无烟头；卫生扫除用具统一摆放在门前指定位置，垃圾篓放置在椅子下方；桌子摆放整齐、不歪斜，椅子推入桌子下方，椅背朝外。暖瓶放在窗台暖气护栏前，由高到低，自左至右，依次摆放成一条直线，暖瓶把手朝统一方向。

5. 门前门后

门前保持干净无垃圾，无烟头，桶内的垃圾做到每日早、中清理两次；门后行李箱按照由内到外，由高到低的要求，依次排列整齐；墙面不允许乱贴，乱画；保持公寓内空气清新，无异味，勤开窗通风。

第二节 安全主题活动

近年来，校园安全事件屡见不鲜，且呈上升趋势，如果对学员学生的安全教育到位，学员学生具有基本的安全意识和防范能力，许多安全事件是可以避免的。加强学员学生的安全教育，开展形式多样的安全主题活动，提高学员学生的安全思想意识，坚决克服松懈麻痹思想，排除安全隐患，牢固树立"以人为本""安全第一""责任重于泰山"的工作理念，全力确保学院的安全稳定和学员学生的人身安全。

一、法律法规、校规校纪教育主题活动

学工人员在开展安全教育工作时，应当重点强调以下内容：

（一）学习法律法规、增强法治观念

一名不懂法、不守法的学员学生，掌握再多的科学知识，仍然是不安全的，因为他可能因缺乏法律知识而不自觉地陷入违法犯罪当中。因此，学员学生必须加强对法律知识的学习，自觉学习法律法规，增强法治观念，做到知法守法。同时，这也是学员学生担负起自己的社会责任并实现自身价值的前提条件。如果学员学生缺乏安全防范意识，法律意识淡薄，就有可能导致一系列案件的发生。

（二）学员学生违法犯罪的主要原因

学员学生违法犯罪的主要原因有社会原因、学校原因、家庭原因、自身原因，这些原因都容易导致学员学生迷失自我、走上违法犯罪的道路。

1. 社会原因

（1）文化因素。价值观错位，社会上不良风气的影响以及腐朽思想和不良网络文化是导致学员学生犯罪的原因之一。

（2）就业因素。很多大学毕业生，不能较好地安置自己的工作，只是临时性工作，收入不稳定，是违法犯罪的原因之一。

2. 学校原因

（1）管理方面。一些高等学校的管理体系不够完善，单纯追求大学生的知识水平，忽视大学生的思想道德教育，存在重知识"输入"而轻思想"塑造"，导致有的大学生夜不归宿、逃课旷课、赌博醉酒等也无人过问。

（2）法治教育。一些高等学校对大学生的法治教育不够重视，大学生法治观念淡薄。

3. 家庭原因

家庭是孩子最初接受教育的环境。家庭教育方式的好与坏，在很大程度上影响与决定着孩子的三观。其中，处于溺爱型家庭、打骂型家庭、放任型家庭、失和型家庭等"问题家庭"的学员学生较之正常家庭的学员学生更容易犯罪，原因就是缺乏正确的家庭教育引导。

4. 自身原因

内因是决定事物发展变化的根本因素。

（1）学员学生自我定位的错误。有些学员学生由于受到社会中的不良风气影响，在人生的价值观、世界观方面产生了偏差。

（2）健康心理品质的缺失，造成心理不成熟。学员学生作为社会中的一个典型群体，正处在心理与生理趋向成熟的阶段，一些学员学生由于种种原因不能适应工作和生活，在心理上造成巨大的压力和挫折，心理承受能力大大受损。

（三）学员学生违法犯罪的预防

预防是减少犯罪的最有利方法，预防学员学生犯罪是对人才的培养和珍惜，是学院、家庭对社会的责任。作为一个复杂的社会问题，减少和遏制学员学生违法犯罪，防患于未然，其关键在于健全全社会的预防系统，使其养成正确的道德观和良好的行为习惯。要加强对学员学生政治素质的教育培养，增强其公德意识；加强对学员学生的心理引导，培养良好的心理素质；加强对学员学生的法治教育，提高学员学生的法律意识和自我防范意识；加强校园的内部管理，预防违法犯罪必须保证良好的校园环境。另外，家长要有针对性地加强教育引导，加强与学员学生的沟通交流。

（四）校规校纪知识

作为一名学员学生，仅仅遵守国家法律法规是不够的，还要认真学习和遵守学院的校规校纪，把校规校纪学好、记牢、内化于心，这样才能更好地保证自己的安全。学员学生手册详细、完整地刊载了学员学生在校期间应当遵守的校规校纪，可以帮助学员学生更好地树立安全意识，增强自我保护能力。

二、防盗安全主题活动

学工人员在开展安全教育工作时，应当重点强调以下内容：

（一）公寓防盗

（1）当离开公寓时，哪怕是很短的时间，都必须锁好门，关好窗。一定要养成随手关门、随手关窗的习惯，以防盗窃犯罪人员乘隙而入。

（2）不要留宿外来人员。学员学生应该文明礼貌、热情好客，但不能讲义气、讲感情而不讲原则、不讲纪律。如果违反公寓管理规定，随便留宿不知底细的人，就等于引狼入室，将会后悔莫及。

（3）发现形迹可疑的人应当加强警惕。作案人在公寓行窃时，往往要找各种借口，见管理松懈、进出自由，便来回走动、伺机行事。遇到这种可疑人员，应当主动上前询问，如果来人说不出正当理由且又说不清学院的基本情况，疑点较多，神色慌张，则可一方面派人与其交谈以拖延时间，另一方面打电话给学院保卫部门做调查处理。

（4）注意保管好自己的钥匙，不能随便借给他人或者乱丢乱放（尤其不要放置在公寓门框上方），以防"不速之客"复制或伺机行窃。如钥匙丢失，应及时更换新锁。

（二）教室（自习室）防盗

（1）离开教室、自习室时把贵重物品随身带走，或者交给同学照管，以免被犯罪分子乘机窃走。

（2）尽量不要在书包存放大量现金和与学习无关的贵重物品，以减少别人的注意力。

（3）不要用书包占座。

（4）教室较空却有陌生人主动在身边就座时，应将书包放至身体内侧视线范围内，以免被顺手牵羊。

（三）公共场合防盗

（1）学员学生外出采购、游玩尽量不要携带大量现金和贵重物品。如带的钱款较多，最好分散放置在内部口袋里，外衣只放少量现金以便购买车票或者零星物品时使用。

（2）外出时，不要把钱夹或者手机放在身后的裤袋里。乘坐公共汽车时不要把钱或者贵重物品放置于包的底部或者边缘，以免被割窃走。

三、防诈骗安全主题活动

学工人员在开展安全教育工作时，应当重点强调以下内容：

（1）不要轻易相信陌生人，一定要保管好自己的存折、银行卡、密码和身份证，不要轻易示人或者借给陌生人。

（2）收到银行卡消费透支或者被盗用信息时，万勿仓促转款。直接到银行查询或者拨打银行专用客服电话进行核实。

（3）切勿贪图小利而受违法短信的诱惑。所有要求先缴纳所谓"公证费、手续费、保证金、税费"而后寄大奖的做法，均是骗局。

（4）汇款前一定与好友及好友的家人电话联系，确认好友需要帮助。网上系统要经常升级、维护、杀毒，防止他人设置木马病毒。

（5）购票时仔细辨别网站真伪，对折扣过大的售票信息提高警惕。到相关部门网站或者有资质、有代理资格的正规票务代理机构购票。

（6）不要轻信网上高额回报兼职工作。

四、防抢劫安全主题活动

学工人员在开展安全教育工作时，应当重点强调以下内容：

（1）平时在校园内或者外出时，不要招摇显示自己的财富，犯罪分子往往会盯上经济条件比较富裕的学员学生下手。因此，平时保持朴素大方，可以避免此类危险。

（2）学员学生外出时，特别是女同学外出时，要尽量结伴而行，这样可以有效低被犯罪分子盯上实施抢劫的风险。如果一个人外出，势单力薄，被抢的危险就较高。

（3）抢劫往往发生在一些偏僻人少或者社会人员鱼龙混杂的地方，这些地方治安往往很薄弱，学员学生应当避免去这些地方，减少被抢的风险。

（4）一旦遇到妄图实施抢劫的犯罪分子，应当尽可能想办法将其甩开，或者寻找周边的人交谈，使犯罪分子知难而退，同时尽快拨打报警电话求救。如果已经被犯罪分子胁迫，则应该以保证人身安全为主、财产安全为次。

（5）如果不法分子是一个人，又没有凶器，可尝试着想办法分散他的注意力，如假装看见熟人打一个招呼或者采用声东击西的办法，喊一声"警察来了"，然后跑掉。如果不法分子是多人，且又带有凶器，则要慎重采取对策，千万注意不要随便逃离，以免受到伤害，更不要和不法分子硬碰硬地打斗，可将自己随身携带的钱物交给抢劫者。

（6）如果对方是你的同学，或者是你认识的外校学生，要敢于义正词严地指出，他们这样做是违法行为，并向教师或者公安机关报告。

五、消防安全主题活动

学工人员在开展安全教育工作时，应当重点强调以下内容：

（一）消防安全"四个能力"

简记：查隐患、懂灭火、能疏散、会宣传。

（1）检查和消除火灾隐患的能力。

（2）扑灭初期火灾的能力。

（3）组织引导人员疏散逃生能力。

（4）消防安全知识宣传教育培训能力。

（二）发现起火怎么办

简记：灭火、报火警、疏散。

（1）立即灭火。燃气失火关闭阀门，电器失火关闭电源，就近使用灭火器、消防栓、灭火毯。

（2）报火警。外线报火警电话119。

（3）疏散人群。疏散学员学生和不参加救火人员到室外安全地带。

（三）灭火设施怎么使用

（1）灭火器使用口诀。一提、二拔、三瞄、四压。

（2）消防栓使用方法。一是打开消火栓门，按下内部火警按钮；二是一人接好枪头和水带奔向起火点；三是另一人接好水带和阀门口；四是打开阀门枪头对准火源进行灭火。

（3）灭火毯使用方法。一是发生火灾时快速取出打开灭火毯；二是将灭火毯覆盖在火焰上，同时切断电源或者气源；三是人身上着火，将灭火毯打开，完全包裹在火人身上，扑灭明火。

六、交通安全主题活动

学工人员在开展安全教育工作时，应当重点强调以下内容：

（一）校园内常见的交通事故

（1）校园内发生交通事故的原因是思想麻痹和安全意识淡薄。许多学员学生缺乏社会生活经验，头脑里交通安全意识比较淡薄，同时有的学员学生在思想上还存在校园内骑车和行走肯定比公路上安全的错误认识，一旦遇到意外，发生交通事故就在所难免。

（2）引发交通事故的主要形式，一是注意力不集中。这是最主要的形式，表现为行人在走路时边走路边看书或者看手机或者听音乐，或者左顾右盼、心不在焉。二是在路上进行球类活动。学员学生精力旺盛、活泼好动，即使在路上行走也是蹦蹦跳跳、嬉戏打闹，甚至有时还在路上进行球类活动，更是增加了发生事故的危险。三是骑"飞车"。校园面积比较大，公寓与教室、图书馆等之间的距离比较远，许多学员学生购买了自行车、电动车，但部分学员学生骑"飞车"，殊不知就此埋下了祸根。

（二）校园外常见的交通事故

（1）学员学生余暇空闲时购物、观光、访友要到市区活动，这些地方车流量大，行人多，各种交通标志眼花缭乱，与校园相比交通状况更加复杂，若缺乏通行经验发生交通事故的概率很高。

（2）乘坐交通工具时发生交通事故。学员学生离校、返校，外出旅游、社会实践，寻找工作等都要乘坐各种长途或者短途的交通工具。学员学生因乘坐交通工具发生交通事故的情况时有发生，应当引起足够的重视。

（三）交通事故的预防

（1）提高交通安全意识。不管是校内还是校外，发生交通事故最主要的原因是思想麻痹、安全意识淡薄。作为一名学员学生遵守交通法规是最起码的要求，若没有交通安全意识很容易带来生命之忧。

（2）自觉遵守交通法规。除提高交通安全意识、掌握基本的交通安全常识外，还必须自觉遵守交通法规，才能保证安全。在道路上行走，应走人行道，无人行道时靠右边行走。走路时要集中精力，"眼观六路，耳听八方"；不与机动车抢道，不突然横穿马路、翻越护栏，过街走人行横道；不闯红灯，不进入标有"禁止行人通行""危险"等标志的地方。乘坐市内公共交通工具，等车停稳后，依次上车，不挤不抢；车辆行驶中不得把身体伸出窗外；乘坐长途客车、中巴车时不能贪图便宜，乘坐车况不好的车，不要乘坐"黑巴""摩的"，因为这些车辆安全没有保障。

（四）发生交通事故的处理办法

（1）及时报案。无论在校内还是在校外，一旦发生交通事故，首先想到的是及时向学工人员反映或者报案，有利于事故的公正处理，千万不能与肇事者"私了"。若在校外发生交通事故，除及时报案外，还应该及时与学院取得联系，由学院出面处理有关事宜。

（2）保护现场。事故现场的勘查结论是划分事故责任的依据之一，若现场没有保护好会给交通事故的处理带来困难，造成"有理说不清"的情况。因此，发生交通事故后要保护好事故现场。

七、交友安全主题活动

学工人员在开展安全教育工作时，应当重点强调以下内容：

（1）网上交友网站很多，有的带有"色情"，上这些网站交友的人目的都不纯正，所以要小心选择交友网站，不要糊里糊涂就发征友广告。

（2）交友时，不要一开始就兴奋地将自己的家庭背景全泄露出来。先从个人嗜好开始，慢慢了解对方。如果了解不深，电话和通信地址是万万给不得的，一定要防范。

（3）对女生而言，如果对方一开始就问身高、体重、三围等，就应该马上与他断绝来往。

（4）出于经济问题，很多人没聊两句，就要你拿钱出来与他合伙做生意，但是有人依旧这样受骗。

（5）千万不要选在夜深人静的偏僻地点见自己新认识的朋友，也千万不要独自跑去别人家里做客。可以请一个朋友陪你一起去。多见几次面，觉得还可以交往的话，再开始深交。

（6）要充分认识网络世界存在的虚拟性和险恶性，对网恋多一分清醒，少一分沉醉，时刻保持高度警惕性。

（7）时刻保持警惕，不要轻易信任他人。除非对对方已经有很长时间的交往，而且建立起了一定的信任，否则轻易不要与对方单独约会。有时候直觉会欺骗一个人，尽量多沟通，尽量拖延约会时间是对自己最好的保护。

（8）不要在个人资料和通信过程中透露任何真实的私人信息，需要刻意保护的信息有真实姓名、住宅电话、手机号码、家庭住址等，或者任何可以让他人直接找到你的信息。

（9）选择公共场所约会，并告知他人。如果与好友的关系发展到了一个可以足够信任对方，且可以约会的程度，请在约会前确定一个首要原则：选择公共场所约会并告知他人。

（10）约会时要察言观色。随时观察对方的任何特征，如吹牛、叹气、挥舞手脚、过激举动、眼神、表情等，建立正确客观的第一印象，然后确定这个人是否值得交往。

八、防传销安全主题活动

学工人员在开展安全教育工作时，应当重点强调以下内容：

（1）警惕诱惑力十足的"诱饵"。为将"潜在下线"引诱到传销活动地，传销组织者往往编造"高薪招聘""提供就业"等极具诱惑力的理由。

（2）不要被表面温馨的"亲情友情"所蒙蔽。为提高发展下线的成功率，传销人员往往将亲戚、朋友、同学、战友等作为首先考虑吸纳的对象。

（3）要抗拒"精神控制"。防止传销人员的高强度"洗脑"，拒绝相信这些传销人员的鬼话。

（4）谨防虚张声势的"互联网传销"。目前网络传销的主要形式，一是传统传销的"网络版"，即借助互联网推销实物产品，发展下线。二是靠发展下线会员增加广告点击率来给予佣金回报。三是多层次信息网络营销模式，即传销组织设立网站，参与者通过交纳入门费加入该网站，取得资格去推荐、发展他人加入。

（5）不轻信时常变幻的"传销噱头"。传销组织者利用"股票分红""会员制"等种种噱头，给传销活动披上一层掩饰的外衣。

（6）传销组织者打着"支持西部大开发"等幌子，为传销穿上了一层支持经济建设的外衣，增强了传销欺骗性。

九、网络安全主题活动

学工人员在开展安全教育工作时，应当重点强调以下内容：

（1）上网交友时，尽量使用虚拟的 E-mail 等方式，尽量避免使用真实的姓名，不轻易告诉对方自己的电话号码、住址等有关个人真实的信息。

（2）不轻易与网友见面，个别学员学生与网友沟通一段时间后，感情迅速升温，不但交换真实姓名、电话号码，而且还有一种强烈见面的欲望。

（3）与网友见面时，要有自己信任的同学或者朋友陪伴，尽量不要一个人赴约，约会的地点尽量选择在公共场所，人员较多的地方，尽量选择在白天，不要选择偏僻、隐蔽的场所，否则一旦发生危险情况时，得不到他人的帮助。

（4）在聊天时，不要轻易点击来历不明的网址链接或者来历不明的文件，往往这些链接或者文件会携带病毒，或者带有攻击性质的黑客软件，造成强行关闭程序、系统崩溃或者被植入木马程序。

（5）警惕网络色情聊天，反动宣传。网络里汇聚了各类人群，其中不乏好色之徒，言语间充满挑逗，对不谙事故的学员学生极具诱惑，或者散布色情网站的链接，换取高频点击率，对学员学生的身心造成伤害。也有一些组织或者个人利用网络进行反动宣传，这些都应引起学员学生的警惕。

（6）警惕网络购物诈骗。要求事主先付一定数额的订金或者保证金，然后才发货。

（7）不要轻易相信互联网上中奖之类的信息。

十、心理健康安全主题活动

学工人员在开展安全教育工作时，应当重点强调以下内容：

（1）交际、交往困难是诱发心理问题的首要因素。有些学员学生不会独立生活，不知道如何与人沟通，不懂交往的技巧与原则，有些学员学生有自闭倾向，不愿与人交往。这些都是交际、交往困难诱发心理问题的具体表现。

（2）情感困惑和危机是诱发心理问题的重要因素。学员学生对情感方面的问题能否正确认识与处理，已直接影响到学员学生的心理健康。学员学生因恋爱所造成的情感危机，是诱发学员学生心理问题的重要因素，恋爱失败往往导致学员学生心理变异。

（3）不适应学员学生集体生活是诱发心理问题的又一重要因素。学员学生对集体生活都有适应的过程，在这一过程中往往会出现各种各样的心理问题。导致心理失衡的原因首先是现实中的学院与他们心目中的学院不一致，产生心理落差；其次是学员学生对新的环境不适应，产生困惑。学员学生对新环境不适应，如果得不到及时调整，便会产生失落、自卑、焦虑、抑郁等心理问题。

（4）学习与生活的压力也会诱发心理问题。部分学员学生由于课程负担过重、个人家庭经济情况等因素导致精神长期处于高度紧张的状态下，极有可能导致出现强迫、焦虑甚至是精神分裂等心理疾病。

（5）就业压力的增大也是诱发心理问题的因素之一。大学生找工作越来越困难，对毕业班学生造成很大的精神心理压力。

（6）对网络的依赖是引发心理问题的一个重要原因。不少学员学生被网络的精彩深深吸引。学员学生对网络的依赖性越来越强，有的甚至染上网瘾。久而久之，会影响学员学生正常的认知、情感，可能导致人格分裂。

（7）学会难得糊涂。对一些无关大局的外部刺激，在认识上要模糊一些，在心理感受上要淡漠一些，不斤斤计较，不耿耿于怀，做到大事清楚，小事糊涂。

（8）合理进行宣泄。人的情绪处于压抑状态时，应该加以合理宣泄，恢复正常的情绪情感状态。如遇到挫折和失败，畅快地哭一场，或者找人诉说一通，都是缓解情绪压抑的好办法。

（9）巧用幽默缓解。幽默感是消除不良情绪很有用的工具。一个得体的幽默，一句适宜的俏皮话，常常可以使已经紧张的局面轻松起来，使一个窘迫难堪的场景消逝。

第三节 离 校 教 育

学员学生周末、节假日、外出实习以及毕业的文明安全离校，是维护学院安全稳定和保障学院正常的教学生活秩序的重要方面。学工人员应对学员学生进行严格的安全教育工作。

一、周末离校教育

学工人员在开展安全教育工作时，应当重点聚焦以下方面：

（1）组织学员学生认真填写离校登记表。学工人员确认每个学员学生的情况后签字。

（2）对于留校学员学生，每班要选出男女生负责人，每晚公寓关门后查寝并向学工人员汇报。

（3）周日晚自习期间确认学员学生返校情况，对于未按时返校的学员学生，要落实清楚原因并做好记录和考核。

二、节假日离校教育

学工人员在开展安全教育工作时，应当重点聚焦以下方面：

（1）做好学员学生安全教育工作。加强学员学生思想教育，及时掌握学员学生的思想动态，加强假期期间防火、防盗、交通、人身等各项安全教育，提升学员学生安全防范意识。严肃校规校纪，对假期留校的学员学生加强管理，确保学员学生安全稳定。

（2）做好假期值班工作。根据工作需要，安排学工人员值班，值班人员要严格执行值班制度，遵守值班纪律，遇到重要情况、突发事件要及时报告，并保持值班期间通信畅通。

（3）做好假期期间留校学员学生统计工作。学工人员落实假期留校学员学生人数，做好统计工作，填写留校学员学生统计表并上报。

（4）做好学员学生返校统计工作。假期结束，要做好学员学生返校统计工作，填写学员学生返校情况统计表并上报。对于未按时返校的学员学生，要落实清楚原因并做好记录和考核。

三、外出实习离校教育

学工人员在开展安全教育工作时，应当重点聚焦以下方面：

（1）进行实习前动员。按照实习单位要求，对实习学生进行劳动纪律、职业道德、生产安全、交通安全等方面的安全教育。实习学生要严格遵守实习单位的工作纪律，服从实习单位的工作安排，按照劳动规程实习，确保劳动安全，若因违反实习纪律和安全规程的要求而造成自身伤害者，由学生本人负责，或者按实习单位的有关规章制度处理。

（2）加强与实习带队教师的沟通交流。建立学工人员、实习带队教师、实习学生之间的沟通交流工作机制，保证联络畅通。发生问题，能够及时沟通并妥善处理，确保实习过程平安有序。

（3）确保学生安全返校。实习期满，学工人员与实习带队教师联系确定返校具体时间，做好返校后的无缝对接。

四、结业（毕业）离校教育

学工人员在开展安全教育工作时，应当重点聚焦以下方面：

（1）认真组织结业（毕业）学员学生学习安全文明离校的相关文件，增强学员学生的纪律观念。

（2）为切实做好安全教育管理工作，努力提高学员学生的安全防范意识，将安全法纪教育和文明离校的责任逐级落实到班级和每一名学员学生。

（3）学工人员应当经常走访学员学生公寓，排查安全隐患，了解学员学生生活情况，摸清其思想动态，为学员学生排忧解难。

思考与练习

1. 军训的目的是什么？军训包括哪些内容？

2. 学工人员在开展法律法规、校规校纪教育主题活动安全教育工作时，应当重点强调哪些内容？

3. 学工人员在开展防盗安全主题活动安全教育工作时，应当重点强调哪些内容？

4. 学工人员在开展防诈骗安全主题活动安全教育工作时，应当重点强调哪些内容？

5. 学工人员在开展防抢劫安全主题活动安全教育工作时，应当重点强调哪些内容？

6. 学工人员在开展周末离校安全教育工作时，应当重点强调哪些内容？

7. 学工人员在开展节假日离校安全教育工作时，应当重点强调哪些内容？

8. 学工人员在开展外出实习离校安全教育工作时，应当重点强调哪些内容？

第 三 章

心理健康教育

 导　　读

　　心理健康教育是学院育人工作的重要一环，是素质教育的依托，也是学院和谐稳定的重要保障。为学员学生提供良好的心理健康教育，不仅促进学员学生心理健康的良性发展，有助于学员学生成长成才，更为学员学生全面发展和顺利适应社会打下良好基础。国家对于学员学生的心理健康教育工作越来越重视，习近平总书记在 2017 年 9 月的全国高校思想政治会议上指出，要坚持不懈地促进高校的和谐稳定，培育理性平和的健康心态，加强人文关怀和心理疏导，把高校建设成为安定团结的模范之地。同时，国家印发了《关于加强普通高等学校大学生心理健康教育工作的意见》等一系列文件，指明了高等学校开展心理健康教育工作的方向。因此，加强学院心理健康教育工作，开展心理健康指导，是落实培养什么样的人、如何培养人的必要工作，也是贯彻全员育人、全程育人、全方位育人的必然要求，更有利于实现"立德树人"的教育目的。本章从心理测试、心理异常排查、心理危机干预和心理健康知识普及等方面对学员学生心理健康教育工作加以指导，旨在促进学员学生心理健康水平的不断提升。

 内容提要

　　本章包括心理健康基础知识、心理测试、心理异常排查、心理危机干预、心理健康发展中心五个小节。心理健康基础知识部分阐述了心理学、心理健康、心理问题、心理障碍的概念，学员学生心理特征，学员学生常见心理问题及其调适。心理测试部分包括心理测试的基本概念、心理测试的分类，纠正错误的测试观、心理测试在心理咨询中的应用、测试结果报告、常见的心理测试量表等内容。心理异常排查部分包括心理排查的基本概念和心理排查工作机制。心理危机干预部分包括心理危机干预的相关概念、心理危机的类型及发生机制、学员学生心理危机干预。心理健康发展中心部分主要阐述了心理健康发展中心的作用以及各区域的功能。

 学习目标

1. 了解心理健康基础知识。
2. 掌握心理测试的概念、种类、功能、方法、流程。

3. 掌握心理异常排查的概念、种类、功能、方法、流程。

4. 掌握心理危机干预的概念、种类、功能、方法、流程。

5. 了解学院心理健康发展中心的功能。

第一节 心理健康基础知识

一、心理学、心理健康、心理问题、心理障碍的概念

健康是现代人重点关注的问题之一，但很难对健康下一个确切的定义。1946年世界卫生组织提到的健康概念是："健康乃是一种在身体上、心理上和社会上的完满状态，而不仅仅是没有疾病和虚弱的状态。"1989年世界卫生组织把健康的定义进一步修订为："健康不仅是身体没有缺陷和疾病，而是身体上、心理上和社会适应上的完好状态。"这是现代关于健康较为完整的科学概念。

（一）心理学

心理学就是研究人的心理现象发生、发展及其规律的科学。它既研究人的心理现象，也研究动物的心理现象，其中以研究人的心理现象为主。人的心理现象包括心理过程和个性心理两个方面。

1. 心理过程

心理过程是指人对现实的反映过程，是一个人心理现象的动态过程，包括认识、情感和意志三个过程。认识过程是人的最基本的心理过程，它是人脑对客观事物的属性及其规律的认识，包括感觉、知觉、记忆、思维、想象等。情感过程是个体在实践过程中对事物的态度体验。意志过程是个体自觉地确定目的，并根据目的调节支配自身的行动，克服困难去实现预定目标的心理过程。

2. 个性心理

个性心理指一个人在社会生活实践中形成的相对稳定的各种心理现象的总和，它包括个性倾向性和个性心理特征两个方面。个性倾向性是关于人的行为活动动力方面的心理特征，包括需要、动机、兴趣、理想、信念、世界观、自我意识等。个性心理特征是个人身上经常表现出来的稳定的心理特征，它集中反映了人的心理活动的独特性，包括能力、气质和性格。需要指出的是，还有一种心理现象叫注意，它不属于某一种独立的心理过程，而是伴随各种心理过程存在的特殊的心理状态。心理现象的具体结构如图3-1所示。

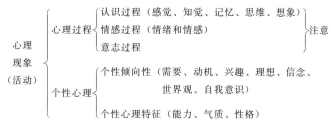

图3-1 心理现象的具体结构

3. 心理状态的分类

心理状态是心理活动的基本形式之一，指心理活动在一定时间内的完整特征。通常把人的心理状态分为正常与异常两大类。正常心理状态包括心理健康和心理不健康两种情况。其中，心理健康具有一定的标准；心理不健康主要表现为程度不同的心理问题。心理状态的分类见表3-1。

表 3-1　　　　　　　　　　　心 理 状 态 的 分 类

正　　常				不　正　常
心理健康	心理不健康			心理障碍
无心理问题	一般心理问题	严重心理问题	疑似神经症	神经症；人格障碍；性心理障碍；精神障碍等

4. 心理正常与否的标准

心理正常与否需要借用以下三个原则来判断：

（1）主观世界与客观世界的统一性原则。因为心理是客观现实的反映，所以任何正常心理活动或者行为，在形式和内容上必须与客观环境保持一致。在精神科临床上，常常把有无"自知力"作为判断精神障碍的指标。所谓"自知力"，是指患者对自身状态的错误反映，或者说是"自我认知"与"自我实现"的统一性的丧失。

（2）心理活动的内在协调一致性原则。虽然人类的心理活动可以被分为知、情、意等部分，但它自身是一个完整的统一体。各种心理过程之间具有协调一致的关系，这种协调一致性，保证人在反映客观世界过程中的高度准确和有效。一个人遇到一件令人愉快的事，会产生愉快的情绪，欢快地向别人述说自己内心的体验。这样，我们就可以说他有正常的心理与行为。如果不是这样，用低沉的语调向别人述说令人愉快的事，我们就可以说他的心理过程失去了协调一致性，成为异常状态。

（3）人格的相对稳定性原则。在长期的生活成长道路中，每个人都会形成自己独特的人格心理特征。这种人格心理特征一旦形成，便有相对的稳定性，在没有重大外界变革的情况下，一般不会轻易改变。如果在没有明显外部原因的情况下，一个人的人格相对稳定性出现问题，我们也要怀疑这个人的心理活动出现了异常。这就是说，我们可以把人格的相对稳定性作为区分心理活动正常与异常的标准之一。例如一个用钱很节俭的人，突然间挥金如土，那么我们就认为他的心理活动已经偏离了正常轨道。

（二）心理健康

了解什么是心理健康，对于增强与维护人们的整体健康水平有重要意义。掌握了人的健康标准，以此为依据对照自己，可以进行心理健康的自我诊断。发现自己的心理状况某些方面与心理健康标准有一定距离，就有针对性地加强心理锻炼，以期达到心理健康水平。如果发现自己的心理状态严重地偏离心理健康标准，就要及时地求医，以便早期诊断与早期治疗。

1. 心理健康的标准

一般说来，心理健康的人能够了解自己，善待他人，适应环境，情绪正常，人格和谐。心理健康的人并非没有痛苦和烦恼，而是他们能适时地从痛苦和烦恼中解脱出来，积极地寻求改变不利现状的新方法。他们敢于表达、展现自己个性，并且和环境和谐相处。心理健康标准如下：了解自我，悦纳自我；接受他人，善与人处；正视现实，接受现实；热爱生活，乐于工作；协调与控制情绪，心境良好；人格完整和谐；智力正常，认知完整；心理行为符合年龄特征。

2. 正确理解心理健康的标准

（1）心理不健康与有不健康的心理和行为表现不能等同。

（2）心理健康与不健康不是泾渭分明的对立面，而是一种连续状态。

（3）心理健康的状态不是固定不变的，而是动态变化的过程。

（4）心理健康的标准是一种理想尺度。作为学员学生，心理健康的基本标准是能够有效地进行学习、工作和生活。如果正常的学习、工作和生活难以维持，应该及时进行调整。

3. 心理健康的影响因素

学员学生的心理问题是其人格与环境交互作用的结果。从环境来看，影响的因素主要有社会和家庭。从学员学生个体来看，其心理问题往往与他们不良的人格倾向有很大关系，主要的影响因素有应对方式、自我概念、归因方式、社会比较方式、社会支持以及人际关系等。

（1）社会因素。社会转型期间，由于社会的日益开放所带来的多元化，会对学员学生产生冲击，造成学员学生的适应困难；随着人才培养和就业制度改革中引入竞争机制，学员学生感受到了巨大的竞争压力。

（2）家庭因素。家庭是影响学员学生行为和心理发展的基础，家庭生活环境中如家庭气氛、父母的教养方式等是影响学员学生心理健康的重要因素。首先是家庭气氛。家庭中父母之间、亲子之间的言语以及人际氛围直接影响着家庭中每个成员的心理，这种长期的影响会对学员学生的心理健康产生积累效应。其次是教养方式。家庭教养方式从不同方面直接和间接地影响着子女的心理健康水平，其对子女的个性特征、社会交往、自我评价产生影响。

（3）个体心理因素。从个体心理的角度，学员学生的心理问题往往与他们不良的人格倾向有很密切的关系。影响学员学生心理健康不良的人格倾向或者与人格密切相关的因素主要有应对方式、自我概念、归因方式、社会比较方式、社会支持以及人际关系等。应对方式是指学员学生在面对挫折和压力时所采用的认知和行为方式。学员学生的心理问题往往与其消极的、不成熟的应对关系有显著的相关。自我概念是指学员学生对自己人格的认知，是学员学生感受和理解自己各个层面的方式。学员学生正处于自我探索的关键期，由于自身发展的不成熟，他们的自我概念往往和实际情况有较大差异。归因方式是指学员学生对他人的或者自己的行为过程所进行的因果解释和推论。自卑、抑郁等心理问题往往与他们在归因过程中的认知偏差和动机偏差有密切关系。社会比较是指学员学生将自己的个性品质、观点和行为与他人进行比较的过程，它使学员学生产生新的自我知觉、自身处境知觉及生活质量知觉，这在一定程度上决定了学员学生的自我概念、情绪状态和对未来的期望，从而对其心理健康产生影响。社会支持是指以学员学生（被支持者）为核心，由学员学生和他人（支持者）通过支持行为所构成的人际交往系统。社会支持在心理健康中所起的主要作用在于其对身心健康的增进及维护。人际关系是学员学生必须面对的根本问题之一。人类心理的适应最主要的就是人际关系的适应，人类心理的病态，主要是由于人与人之间关系的失调而来。

（三）心理问题

当遇到一定的外界刺激，个体的心理能量不足时，心理健康有可能转化为心理不健康状态。心理不健康主要表现为各类心理问题。一般来说，心理问题是指人们心理上出现的当事人意识到或者意识不到的如情绪消沉、焦虑、恐惧、紧张、抑郁、压抑等消极或者不良的心理。每个人在现实生活中的某个阶段，都会在一定程度上存在心理问题，即心理问题是普遍存在的，只是由于不同的人、不同的情境及不同的原因所导致的程度不同而已。就像医学中的感冒一样，每个人都有过患病的经历。心理问题不同于心理疾病，它是由人的外在社会因素或者内在精神因素所引发的一系列问题，它会间接地改变人的世界观、性格及情绪状态。

1. 心理问题的分类

根据病程和影响程度不同，心理问题可划分为一般心理问题、严重心理问题和疑似神经症三种类型。

（1）一般心理问题。一般心理问题是由现实因素激发，持续时间较短，情绪反应能在理智控制之下，不严重破坏社会功能，情绪反应尚未泛化的心理不健康状态。其突出表现为心理压力较大、人际关系不协调、家庭关系不和睦、情绪困扰等生活矛盾所带来的心理不平衡与精神压抑状态。如果得不到及时的调整和解决，任其发展，很可能会发展为严重心理问题。判断条件是现实因素导致内心冲突，体验到不良情绪；不良情绪不间断地持续满一个月或者间断地持续两个月仍不能自行化解；不良情绪仍在相当程度的理性控制下，能始终保持行为不失常态，社会功能基本维持正常，但效率有所下降；不良情绪的激发因素仅仅局限在最初事件，没有泛化现象。

（2）严重心理问题。严重心理问题是由相对强烈的现实因素激发，初始情绪反应剧烈、持续时间长、内容充分泛化的心理不健康状态。当事人内心深感痛苦，自身难以摆脱，有时常伴有一定程度的人格缺陷。严重心理问题一旦形成，单纯地依靠非专业性干预难以解决，对生活、工作和社会交往均有一定程度的影响。判断条件是现实刺激较为强烈，对个体威胁较大；痛苦情绪间断或者不间断地持续两个月以上，半年以下；多数情况下，会短暂地失去理性控制，对社会功能有一定程度的影响；反应对象被泛化，痛苦情绪不但能被最初的刺激引起，而且与最初刺激相类似、相关联的刺激，也可以引起此类痛苦。

（3）疑似神经症。这种心理不健康状态，已经接近神经症等心理异常状态，或者它本身就是某种心理疾病的早期阶段，主要表现是注意力涣散、偏执、意志薄弱、有幻觉或者不系统的妄想，但自制力仍然部分保留或者基本完整，在精神紊乱的基础上产生某些怪异行为。

2. 心理问题的识别

在多数情况下，心理问题的发生是有征兆的，而且是可以识别和预测的。学习常见心理问题的识别方法，可以帮助学员学生进行适当的判断，做到及早发现、及早处理，把即将进一步发展的心理问题或者即将发生的危机遏制在萌芽阶段。常用的心理问题识别方法如下：

（1）心理测试法。心理测试是经过测试编制程序完成标准化用以测量心理特性的工具，是心理学工作者依据心理学的理论，按照一定的系统程序，给人的心理特性以量化的过程。使用心理测试可以对学员学生的心理状况进行定量分析，帮助我们及早发现具有严重心理问题的个体，借以减少心理危机的产生。

（2）比较判断法。比较判断法主要是将个体的心理活动从不同的角度进行比较，其特点是要有一个正常的判断标准作为比较和参照。主要有以下三种方法：第一种方法是纵向比较法，即将现今的心理活动和行为表现与其过去一贯的情况做比较；第二种方法是横向比较法，即将心理活动和行为表现与其周围多数人常规的情况做比较；第三种方法是背景比较法，是将心理活动和行为表现与其生活背景相对照。

（3）常识判断法。常识判断法主要是根据我们对自己所熟悉的社会环境和自然环境的认识与了解进行粗略的和非专业的判断，是一种感性标准。

3. 心理问题的处理

通常来说，一般心理问题是心理辅导和咨询工作的主要对象。一般心理问题的处理方式如下：

（1）发展性处理。通过主题活动、心理班会、心理讲座等形式，宣传普及心理健康常识，开发心理潜能，树立正确的心理健康意识，增强自我心理调节能力，促使个体学会主动求助，使心理问题消解在萌芽状态中。

（2）预防性处理。针对不同心理问题的易感人群进行团体性处理，使团体成员通过相互分享、相互学习，化解紧张与焦虑行为，解除心理困扰。

（3）针对性处理。对已经凸现问题者，针对他们具体的心理问题，给予具体的帮助与指导，增加当事人的心理能量，帮助其掌握正确的心理应对机制、获得有效的支持系统，及时化解心理困惑。

（四）心理障碍

与心理正常相对应的心理状态是心理异常，即心理障碍。它是指一个人由于精神上的紧张、干扰，而使自己思维、情感和行为发生了偏离社会生活规范轨道的现象。心理和行为上偏离社会生活规范程度度越厉害，心理障碍也就越严重。

1. 心理障碍

心理障碍是一个日积月累逐渐形成的过程，每一个有心理障碍的人在以往的生活和学习中都有一些异常表现。我们首先要学会对日常生活中经常容易混淆的神经病、心理障碍、精神病、神经症等概念加以区分。神经病是指神经系统的疾病，大多有神经组织形态的病理性改变，常见的有癫痫、中风、脑血管疾病等。心理障碍是由负性生活事件等因素引起机体全身调节机制紊乱，并导致个体出现情绪、认知或者行为异常，以精神活动失调或者紊乱为主要表现的障碍。虽然神经症和精神障碍都属于心理障碍的范畴，但神经症是一组大脑功能轻度失调的异常心理，而精神障碍则是一组由不同因素导致的大脑功能严重紊乱的精神疾病，临床表现为心理活动的显著异常，如幻觉、妄想、思维破裂、情感倒错、行为怪异等。

2. 常见心理障碍

心理障碍种类很多，常见的有神经症、人格障碍、性心理障碍、精神障碍等。一般来说，精神类的心理障碍需要精神科医生进行专业性医学治疗，以心理治疗为辅。心理治疗和心理咨询的主要对象是心理问题和非精神障碍。

（1）神经症。神经症也称神经官能症，是一类主要由各种心理因素引起高级神经活动的过度紧张，致使大脑机能活动暂时失调而无明显器质性病变为特征的一种较严重的心理障碍。神经症有一定的人格基础，当事人对自己的病态有充分的自知力并能主动求医，无感知觉和思维障碍，生活自理能力、社会适应能力和工作能力基本没有缺损，当事人对存在的症状感到痛苦和无能为力，迫切要求治疗，病程多迁延，明显影响正常的学习和生活。常见的神经症类型有强迫性神经症、恐怖性神经症、癔症性神经症、焦虑性神经症、抑郁性神经症、疑病症、神经衰弱等。诊断标准包括症状标准（至少有下列一项）如下：恐惧、强迫症状、惊恐发作、焦虑、躯体形式症状、躯体化症状、疑病症状、神经衰弱症状。严重标准是社会功能受损或者无法摆脱的精神痛苦，促使其主动求医。病程标准是符合症状标准至少已有3个月。排除标准是排除器质性精神障碍、精神活性物质与非成瘾物质所致精神障碍、各种精神病性障碍，如精神分裂症、偏执性精神病及心境障碍等。

（2）人格障碍。人格障碍是在个体发育成长过程中，因先天遗传以及后天不良环境因素造成的个体心理与行为的持久性的固定行为模式，这种行为模式偏离社会文化背景，并给个体自身带来痛苦，或贻害周边。心理咨询对人格障碍的作用有限，可以进行一些辅助性工作。

（3）性心理障碍。性心理障碍是一种非精神类心理障碍，是指一个人的性观念、性态度、性情感、性行为与其所处的社会环境不相容，导致性心理和性行为的反常，其特征是性兴奋的唤起、性对象的选择和性满足的方式反复、持久地出现异乎常态的表现，对自己、对别人、对社会都会产生不良的影响。它初发于青春期，在青少年中比较常见。常见的性心理障碍主要有异装癖，喜欢把自己打扮得完全和异性一样，如有个别男性喜欢穿女性的衣物，包括内衣、长筒丝袜、装饰品等，然后自我欣赏，并希望得到别人的赞许。恋物癖是一种通过接触异性穿戴或者佩戴过的物品达到性的兴奋和满足的性心理变态，一般多见于成年男性。暴露癖是指将自己的生殖器暴露给非自愿的异性看，以获得性的满足，达到性快感，是个体性变态中一种比较常见的心理类型，多见于男性。窥淫癖是指寻找时机窥视异性裸体或者他人性行为来获得性满足的和性快感的性变态行为，是一种常见的性心理障碍，多见于男性。易性癖深信自己是真正的异性，虽然躯体发育不是两性和畸形，但坚决要改变性别，有时为改变性别会出现性伤害行为甚至自杀行为。

（4）精神障碍。精神障碍需要特别注意加以鉴别，及时转诊。精神分裂症是一种病因未明的常见精神障碍，具有感知、思维、情绪、意志和行为等多方面的障碍，以精神活动的不协调和脱离现实为特征。通常能维持清晰的意识和基本智力，但某些认知功能会出现障碍。多起病于青壮年，常缓慢起病，病程迁延，部分患者可发展为精神活动的衰退。发作期自知力基本丧失。妄想性障碍又称偏执型精神病，突出的表现是出现单一的或者一整套相关的妄想，并且这种妄想通常是持久的、甚至是终身存在。妄想内容具有一定的现实性，并不荒谬。个别可伴有幻觉，但历时短暂而不突出。病前多具有偏执性人格障碍。

病程发展缓慢，多不为周围人所发觉。有时人格可保持完整，并有一定的工作及社会适应能力。

二、学员学生心理特征

学员学生正处于个体发展的青年期阶段，其生理发展趋于平缓并走向成熟，思维逐渐达到成熟水平，独立自主性日益增强，个性趋于稳定，社会适应能力、价值观和道德观形成并成熟。

（一）学员学生的一般特征

（1）青年期个体的生理发育和心理发展达到成熟水平。

（2）个体在青年期开始进入成人社会，享有社会权利，承担社会义务。

（3）青年期个体的生活空间日益扩大。

（4）恋爱结婚是青年期个体的人生大事，这有助于促进个体的社会化程度。

（二）学员学生的个性和社会性发展

1. 青年期的重要发展任务

青年期的主要任务就是通过对自我求索来了解自己，了解自己在他人眼中的形象以及对自己未来职业和理想进行认真而具体的思考，并由此而建立较为稳固的自我同一性。

2. 自我同一感危机

个体在寻找自我、发现自我的过程中，由于自我内部的矛盾难以协调，使得青年难以确认自我形象，也无法形成自我概念，于是在此过程中会表现出明显的内心冲突，甚至引起自我情感的剧烈变化，引发现实的"我"与理想的"我"之间的矛盾冲突，从而导致自我同一性扩散或社会角色混乱，并造成自我同一感危机。

3. 解决自我同一感危机的方式

（1）同一性确立。体验过各种发展危机，经过积极努力，选择了符合自己的社会生活目标和前进的方向，以达到成熟的自我认同。

（2）同一性延续。正处于体验各种同一性危机之中，尚未明确做出对未来的选择，但是正在积极地探索过程中，处于同一性探索阶段。

（3）同一性封闭。在还没有体验同一性困惑的情况下，由权威来代替其对未来生活做出选择。这实际上是对权威决定的接纳，属于盲目的认同。

（4）同一性混乱。无论是否经历过同一性危机或者是否进行过自我探索，他们并没有对自己的未来生活抱有什么向往或者做什么选择，他们不追求自己的价值或者目标。

4. 青年期人生观和价值观特征

青年期是人生观、价值观的形成和稳定时期。人生观是人们对于人生目的和意义的根本看法和态度。人生的目的是指人究竟为什么活着。人生的态度是指怎样对待人生。人生的目的是人生观的核心。价值观是个体以自己的需要为基础对事物的重要性进行评价时所持的内部尺度。人们对于人生的看法和认知，归根到底是凝聚在一个人的价值观上。

5. 影响青年人生观和价值观发展的因素

青年人生观和价值观的形成，是在社会化过程中受各种社会文化环境因素的影响与自我调节机制综合作用的结果。

（1）人生观、价值观的形成和发展需要必要的心理条件做基础。

（2）受社会背景和文化条件的制约。

（3）受家庭教育环境的制约。父母的人生观和价值观、家庭期望和教育方式等都对青年人生观和价值观的形成和发展具有重要的作用。

（4）个体的自我调节因素。个体的自我调节因素主要体现在自我认同感的形成过程中，表现在对自己心目中的榜样人物的效仿和学习上。

（5）社会历史事件和个人遭遇的非规范事件的影响。

三、学员学生常见心理问题及其调适

（一）适应问题及其调适

学员学生的入校适应状况，成为影响其生活的重要因素。能够较快适应各种变化，适应新角色、新环境、新人际关系的学员学生，往往在之后的生活中呈现出良好的自我发展前景。

1. 适应

心理学上的适应可分为以下几个层次：

（1）感官上的适应，是指视觉、味觉、嗅觉等感觉接受刺激的时间延长，敏感度降低而使绝对阈限升高的现象。

（2）认知结构上的适应，是指个体因环境限制而不断改变认知结构以求内在认知与外在环境保持平衡的作用。

（3）社会上的适应，是指个体为排除障碍、克服困难，满足自己的需求、与环境保持和谐而改变一切内在观念和外在行为的历程。

2. 适应不良及调适

学员学生常见的适应不良有独立生活的困扰、人际关系的困扰、学习能力的困扰以及职业发展的困扰。

针对学员学生常见适应不良应做以下五点调适：

（1）改善心理条件，迈好新生活第一步。改善自我心理条件，首先要正确地认识自我，努力拓宽生活领域，增加生活阅历，积极参加社会交往活动，以适当的参照系来了解自己，在全面深刻地了解自己的基础上，对自我进行较为客观、准确的评价。还要积极地悦纳自我，悦纳自身现实的一切，要平静而理智地对待自己的长短优劣，以发展的眼光来看待自己。在自我悦纳的基础上，培养自信、自立、自强、自主的心理品质，从而发展自我，更新自我，走好新生活的第一步。

（2）努力学习专业知识。随着成功踏入人生的另一阶段，学员学生对未来生活的自信心得以提升，同时对社会、人类、人性心理活动规律也会有较深刻的理解，也能增强驾驭自己心理活动的自觉性和能力，进而有较强烈地服务社会的愿望，把自己置身于广阔的社会背景中，实现自己的抱负。增强学习的自主性和能动性，学会发现问题、分析问题和解决问题，要有一钻到底的精神，更要掌握学习和研究的方法。

（3）培养广泛兴趣爱好，促进心理适应能力的提高。研究表明，一个兴趣爱好广泛的人，往往善于自我摆脱烦恼、身心总会处于和谐愉快的状态中。而且，学员学生在运用自

我心理调适的"注意力转移"法时，也会有的放矢，进而能够促进自身心理品质与素质的全面提高。

（4）主动进行社会交往。日常生活中，学员学生要多与同学、教师、社会各方面人员进行交往，在交往中提高自己的心理素质。掌握人际交往的技巧，如学会换位思考，关注别人的需要、兴趣和感受；主动交往，并给对方留下良好的印象；学会理解他人和赞扬他人，承认他人的优点等。在此基础上要加强自身修养，提高人际交往的吸引力。主动参与学院或班级组织的各项活动，增加与同伴们交往的机会，扩大自己的交往范围，从而达到积极地去接纳别人，也使自己被接纳的目的。

（5）积极树立自信意识。自信是成功的一半，要充分相信自己，始终保持一颗自信的心，不断地进行自我鼓励。

（二）情绪情感问题及其调适

1. 情绪情感

情绪情感是客观事物是否符合人的需要而产生的主观体验。在现实生活中，人不会对任何事物都产生态度和体验，而只是对那些与我们的需要有直接关系的事物才会产生某种情绪和情感。一般说来，凡能满足人的需要，符合人的愿望的客观事物，就会对它产生肯定的态度，从而引起人的爱、尊敬、满意、愉快、欢乐等内心体验；反之，就会对它产生否定的态度，从而引起恨、不满意、不愉快、痛苦、忧愁、恐惧、羞耻、愤怒、悲哀等内心体验。可见，情绪情感是人对客观事物的态度的体验，是人的需要得到满足与否的反映，是对客观世界的一种特殊的反映形式。

2. 常见情绪问题及调适

（1）焦虑及其调适。焦虑是一种紧张、害怕、担忧、焦急混合交织的情绪体验，当人们在面临威胁或者预料到某种不良后果时，便会产生这种体验。焦虑是人处于应激状态时的正常反应，适度的焦虑对唤起人的警觉、集中注意力、激发斗志是有利的。例如，考试对学员学生而言，是一种紧张刺激，因而引起焦虑的反应是正常的，但过高的焦虑或者无焦虑一般而言不利于考生能力的正常发挥。虽然人们都有过焦虑的体验，但并不是每个人都能积极地对焦虑情绪进行调适。我们不妨采取以下自我调适的措施，改变我们的心态，从而消除焦虑情绪。

1）保持合理的期望值。俗话说，人贵有自知之明。每人都应对自我有一个客观的评价，正确地分析自己的优势与不足，据此提出合理的期望值，不要事事都要求完美。合理的期望值可避免因期望过高而产生焦虑。

2）保持积极乐观的心态。改变自己的态度，换个角度看待事物，认识到某些时候危机也可能是转机。时刻对自己充满信心，若有解决不好的问题，并不说明自己缺乏能力，要始终鼓励自己增强自信力。

3）提高适应和调节能力。要善于挖掘自身的潜能，改善原有的认知结构和行为模式，以提高自己对周围环境的适应性和调节能力。如果目前的工作让自己感到压力大，心烦紧张，可以暂时转移注意力，如把视线转向窗外，眺望远方，使眼睛及身体其他部位适时地获得松弛，或者暂时先放下手头的工作，听听愉快的音乐，想象自己在一个舒适愉悦的环境中，释放心灵。

4）积极寻求情感支持。生活中每个人都会遇到这样那样的麻烦，每个在困境中的人都希望得到别人的帮助，这就要求我们必须建立相互的支持系统。亲友、同学、同事、邻里都可成为你的支持者，为你在挫折时提供良好的情感支持，减少你的孤独或紧张。

5）通过放松来缓解压力。当情绪紧张时，不妨放松身体，尝试一下深呼吸。深呼吸可以使呼吸速率减缓，缓解焦虑情绪。人面临压力时，容易咬紧牙关，这时可以放松下颚，左右摆动一会儿，以松弛肌肉，缓解压力，另外还可以做扩胸运动或者上下转动一下双肩，以放松紧张的肌肉，有助于消除焦虑。

6）保持充足的睡眠时间。睡眠充足是减轻焦虑非常有效的方法。一般患有焦虑症的人很难入睡，但睡眠越少，情绪将越紧绷，可能会导致病情更加严重。睡觉前最好能洗个热水澡。洗热水澡可以使身体恢复血液循环，帮助身体放松，有助于睡眠，减缓焦虑情绪。

（2）抑郁及其调适。抑郁是一种复合的负性情绪体验，常表现为情绪低落，对任何事情都不感兴趣，觉得前途渺茫，不愿与人交往，反应变慢，甚至悲观厌世等。常常伴有躯体上的一些表现，如失眠、食欲减退、心跳减缓、血压降低、疲劳、头昏、头痛等。抑郁的实质不是过度的悲伤感，而是丧失愉快感和对愉快信息的注意。虽然情绪低落是一种恶劣心境，但是抑郁情绪也是一种正常情绪。日常生活里，抑郁是一种很常见的情感，是人类心理失调的最主要和最经常出现的问题，几乎每个人在生活中都体验过情感的"普通感冒"。生理、心理、社会层面的许多因素都可能引发抑郁情绪。身体健康出现问题、生活中出现的一些困扰、麻烦、神经性人格、追求完美的倾向等都是引发抑郁的重要因素。抑郁心理的产生原因之一是认知结构歪曲，但一般人意识不到。因为认知结构背后有一种自动思想，它存在于潜意识里不被人察觉，却受当前事件的触发，产生消极情绪和行为。要想转变歪曲的认知，我们必须找出这种想法，用积极、建设性的思想代替它，走出抑郁情绪。

1）要找出原因。把头脑中的消极想法写在纸上，看它是否有道理，是否符合逻辑。消极想法包括缺乏根据的推理、以点带面的看法、对问题过度引申、对问题事件夸大和缩小、与自己进行消极性的联系，比如"他不喜欢我，别人也不会喜欢我""我到哪里都一样""我处处不如别人""这事情根本就解决不了""我的前途没有希望了""事情全是我的错"等。

2）理性判断。找出引起情绪的不合理想法后，用理性去批判这些荒谬的想法和歪曲的推理，用积极的思想取代它。比如"人无完人各有所长""他不爱我，说明还没找到爱我的人""我只要努力肯定会行""苦难是人生最好的教师""我要活出自己，我不在乎别人评价""事情虽然出了，但不全怪我，允许自己犯错误""还有不如我的呢""不好的人终究是少数"等。可以这样提醒自己"我这样判断没有根据""我有时候看问题确实偏激""我要接受现实""我要吸取教训"等。

3）合理宣泄。当抑郁的情绪来打扰你时，不妨找个安静的地方，听听自己喜欢的音乐，写一篇日记，把你现在的想法和情绪记录下来，这是一个发泄的好方法。尤其在觉得生活压力过大时写日记，可以有效地缓解压力。选择一个自己感兴趣的事情，绘画、舞蹈、唱歌等都可以转移抑郁情绪。做运动也是一个不错的选择，骑车、游泳等有氧运动是一种驱赶抑郁情绪的好方法。在你挥汗如雨的同时，不仅抑郁情绪得到了化解，还锻炼了身体，使你产生愉悦感。

（3）易怒及其调适。易怒是指情绪容易进入到愤怒状态或者具有愤怒倾向。愤怒是由于人的主观愿望或者活动与客观事物相违背，或者愿望受阻、无法实现时产生的激烈的情绪反应。愤怒的程度可以从不满、生气、愠怒、激愤到暴怒。当人们遭受不公平的挫折时，最容易产生愤怒情绪。愤怒是情绪的积累和爆发，在愤怒时人的理智和判断能力都会降低，愤怒情绪发泄的结果往往是消极的。缓解易怒有以下五种办法：

1）加强修养，换位思考。以开阔的胸襟宽容、体谅他人，试着站在别人的立场上考虑问题，将心比心，体会到别人的心态与想法。学员学生应该学会换位思考，这样就会增加同伴相互间的理解，摆脱以自我为中心的情绪圈子。

2）躲开导火线，有意撤火。要在"怒发"尚未"冲冠"之际，善于运用理智，有意识地将情绪转移到其他方向。比如，有意躲开一触即发的"导火线"，即争吵的对象、发怒的现场，去其他的地方做点别的事情。

3）自我暗示，自我激励。学员学生应做自己的司令官，学会给自己提出任务，坚信自己有能力控制情绪。爱发怒的人也不妨搞个座右铭，通过积极的自我暗示，可以获得战胜怒气的精神力量。

4）合理宣泄，缓解冲动。摔打一些无关紧要的物品或者对着天空大喊能够有效地宣泄情绪，缓解冲动。另外可以用运动的方式来宣泄情绪，如跑步、爬楼梯。还可以采取与别人聊天等方式来宣泄。

5）冷水洗脸，闭目养神。冷水会降低皮肤的温度，消除怒气。闭目深呼吸，眼睛闭上几秒钟，再用力伸展身体，可以使心神慢慢安定下来。大声呼喊，必须是从腹部深处发出声音或者高声唱歌，或者大声朗诵。

（4）恐惧及其调适。恐惧是对真实存在的危险所产生的一种自然的、适应性的反应。这是一种正常的心理反应。但是，当明知危险过去恐惧心理仍难以消除或者对并不可怕的事物产生过度的恐惧心理，或者自知恐惧不必要、不正常却难以自控，感到不安、害怕时，就产生了恐惧情绪问题。例如，对社交、考试、新环境的恐惧，对争吵、异性交往的恐惧，严重的可能会发展为恐惧症。学员学生中常见的恐惧问题主要是社交恐惧，往往表现出明显的回避行为，面部表情紧张、手足无措、语无伦次、内心紧张不安、心慌、胸闷等。引起恐惧的对象不同，具体情况也不同，消除恐惧的方法也因人而异。既然恐惧是对客观刺激的反应，就必须通过对客观认识的重新调整和训练使它发生变化。因此，可以从以下五方面进行考虑：

1）树立正确的人生观。有些人把个人的名利地位和物质利益看得太重，就可能经常产生不安全感。当物质利益受到威胁时，会以为一切都完了，惊恐万分，难于自恃。只有以天下为己任，把个人融化在集体之中的人，才能临危不惧，对恐惧情境泰然处之。

2）回避可怕的情景。碰上能引起恐惧的景物时，要尽量避开或者排除，恐惧的情绪很快会缓和下来。

3）习惯可怕的情景。对所惧怕的情景，要敢于去碰它、接触它，对那些情景习惯了，知道它不过如此，也就不怕了。许多人怕在会上发言，后来硬着头皮去讲，受到大家鼓励，以后会上发言就不再那么忐忑不安了，表情动作也自然了。

4）学习有关的知识。人对某些情景产生恐惧心理，是因为缺乏相关方面知识，如打雷、闪电。当你知道这是自然界的正常现象时，恐惧情绪自然地就会缓解。

5）积极的强化训练。自己主动地、积极地去接触所恐惧的东西以达到消除恐惧的方法。例如，如果害怕在人前讲话，那么就利用一切可能的机会在公众场合发言，与他人交流。

（三）人际交往问题及其调适

人际交往是指人们为了满足某种需要相互间进行的交流或者联系。人是有意识、有情感的动物，人的一生离不开与他人的交往。交往是人类的一种需要，一个社会成员一旦脱离其他社会成员而离群索居，那么他的心理发展和行为方式就要受到严重影响。人际交往既有积极的一面，也有消极的一面。友好的交往，有助于个体个性和社会适应能力的形成、发展，维护心理健康；反之，会破坏一个人的心理平衡，造成心理冲突，严重时可导致人格变异。因此，在学员学生群体中，避免发生消极交往，建立与维护积极交往，对于保证学员学生的心理健康是极为必要的。

1. 人际交往的影响因素

（1）外貌因素。爱美之心，人皆有之，英俊潇洒、美丽大方、举止文明的人在人际交往中肯定会受到欢迎。

（2）特长因素。特长因素是指一个人的专长会增加交往中的吸引力。因此，应注意培养自己的特长，增加自己在人际交往中的吸引力。

（3）空间和频率因素。空间因素是指交往距离的远近。在地理位置上人与人之间越接近越容易交往，从而形成良好的人际关系。频率因素是指交往的频次。一般来说，交往的次数多，就容易形成相同的经验感受，从而建立良好的人际关系。

（4）互补和相似因素。互补因素是指交往双方身上的特质差异性大，又刚好为双方所需，形成互补，彼此就会强烈吸引，良好的人际关系就容易建立起来。相似因素是指交往双方身上的特质有很大相似性，双方就很容易相互理解，产生亲密感，有利于良好的人际关系的建立。

（5）情绪和人格因素。在人际交往中，人的情绪会随着客观情况发生一定的变化。如果一个人出现强烈的情绪反应，却与客观场景不符，难免会给人轻浮不实的感觉。如果对客观场景反应过于冷漠，则被视为麻木无情。学员学生情绪变化较快，在人际交往中需防止出现"大呼小叫，一惊一乍"的情绪反应，情绪要符合客观场景的要求，做到适时、适度，保持在一种动态的稳定状态。

2. 人际交往中的心理效应

（1）首因效应。第一印象在人际交往中发挥着重要作用，并对此后的认知产生较大影响，如学员学生的自我介绍，出色的表现会给人留下强有力的第一印象。相反，人们要扭转交往中对方所留下不良的第一印象，需要很长时间。因此，在人际交往时要注意给别人留下良好的第一印象，另一方面，在认识别人时又不要轻易以第一印象来判定下结论。

（2）近因效应。最近的信息在人际知觉中起重要作用。首因效应在于与陌生人交往时起的作用较大，而与熟人交往时，近因效应的作用则较为明显。在人际交往中应注意克服近因效应带来的认知偏差，要学会用历史的、发展的、全面的眼光看待他人。

（3）光环效应。又称晕轮效应，人们在评论他人时，常喜欢根据此人身上局部的一些特征出发来得出好的或者坏的整体印象，如人们看见一位相貌姣好的女子，就会认为她善良、贤惠。光环效应往往会使人发生"以偏概全""爱屋及乌"的错误。

（4）投射效应。在人际交往中，认为别人和自己一样有着相同的好恶，相似的观点，把自己的情感、特征强加于人，以为别人也应如此，结果往往会发生错误。"以小人之心度君子之腹"就是典型的投射效应。

（5）刻板效应。人们在交往中，习惯于将交往对象归入某一类群体中，把对这一类群体的认识评价强加给交往对象，如一般人认为的北方人直爽，南方人圆滑。刻板效应的负面影响较大，如民族偏见、种族偏见、性别偏见等。

3. 常见的人际交往不良心理及其调适

（1）自卑及其调适。自卑是一种因自我评价过低而产生的消极情绪体验。自卑心理的浅层是认为别人会看不起自己，而深层的体验是自己看不起自己，表现为对自己的能力、品质等自身因素评价过低，心理承受力脆弱，经不起较强的刺激。这些都妨碍一个人积极而恰如其分地与他人交往。自己会对自己的个人能力和品质做出偏低的评价，在这种评价中，人常常有一种特殊的情绪体验相伴随，如害羞、不安、内疚、胆怯、忧伤和失望等。正因为自卑的情绪性很强，所以它给人们的心理生活带来的不良影响特别大。一个人形成自卑心理之后，往往从怀疑自己的能力到不能表达自己的能力、从怯于与人交往到孤独的自我封闭，从而形成不良的人际关系。而不良的人际关系又反过来加深自卑感，长期的自卑心理也会引起人在生理上的不良变化与反应，最敏感的是对消化系统和心血管系统产生不良影响，而生理上的疾病反过来又会影响心理变化，加重人的自卑心理。学员学生要克服交往中的自卑心理，就要学会正确评价自己，既比上又比下，既比优点也比缺点。跟下比看到自身的价值，跟上比鞭策自己求进步。这样，就会得出"比上不足，比下有余"的结论。世上任何人都逃脱不了这个公式，明白了这一点，心理也就容易取得平衡。另外，要积极主动、大胆地交往，因为交往的能力和艺术只能在交往的过程中形成和提高。一个人的交往范围越广，得到的信息越多，参照系越多，交往的方法越灵活，就越能促进交往，形成良性互动，体验到成功的喜悦，进而发现自己的优势和潜力，增强信心，有助于战胜自卑心理。同时，还可多做一些力所能及、把握较大的事情，因为任何成功都能增强自己的自信。总之，克服自卑心理的关键，在于必须有坚定的自信心和决心，使自己在生活和学习中成为强者。

（2）嫉妒及其调适。嫉妒是经过与他人比较，发现自己在才能、名誉、地位或境遇等方面不如别人而产生的一种由羞愧、愤怒、怨恨等组成的复杂情绪状态。嫉妒是社会尊重的需要受到现实的或者潜在的威胁时产生的情绪体验，是一种包含敌意、憎恨、羡慕、羞耻等错综复杂的情绪体验。有的人能将嫉妒转化为积极的行为动力，而有的则使之转向消极的一面，产生痛苦、忧伤的体验和行为。嫉妒一般表现为，害怕失去自己所拥有的一切，因自己不能拥有而嫉妒拥有者。克服嫉妒要做到以下七点：

1）有意识地提高自己的思想修养水平，是消除和化解嫉妒心理的直接对策。

2）客观认识自我和他人。每个人都有优势和不足，既要看到自己的长处，不妄自菲

41

薄，同时也要正视自己的缺点和不足，扬长避短，发现并拓展自身的潜能，不断提高自己，力求改善现状，开创新局面，如要不断提醒自己，某些方面技不如人，但可能在另外一些方面做得更好。同时，要善于发现他人的优点，悦纳他人，以客观、公正的眼光对待他人，以与人为善作为人际交往的准则。

3）克服虚荣心和以自我为中心。要面子、以贬低别人来抬高自己正是一种虚荣心理的表现。单纯的虚荣心比嫉妒心理容易克服，但二者又紧密相连。所以，克服一分虚荣心就会减少一分嫉妒。另一方面，具有嫉妒心理的人往往以自我为中心，不能客观地看待他人取得的成绩，总将其当成是对自己的威胁。因此，只有跳出以自我为中心的圈子，才能摆脱嫉妒的痛苦。

4）密切交往以加深理解。许多嫉妒心理是由误解引起的。嫉妒者误认为对方的优势会造成自己的损失，从而耿耿于怀。因此，学员学生在人际交往中要敞开心扉、主动沟通对某些事件和问题的看法，加深彼此间的了解，避免误会的发生。即使产生了某种误会，也要及时妥善地消除，以免造成更深的隔阂。

5）逐渐学会公平的竞争。竞争应是激励人奋进的过程，而不应成为目标，如果把竞争本身看作是目的，便会使人过于看重结果，很容易引发不择手段、不讲规矩的行为。要明白凡是竞争总有输赢，不要把目标只放在输赢上，而是要注重竞争的过程，从中发现自己输或者赢的道理，体会竞争的乐趣，形成健康的心理。

6）树立正确的价值观。只有树立了高尚的价值观，才能摆脱私心杂念，心胸开阔，不计较眼前得失，更不会去嫉妒他人的成功。一个埋头于追求自己事业的人是无暇嫉妒他人的。相反，一个人没有理想，胸无大志，无所事事，就会挑别人的刺，寻别人的短。自己不进取，却去阻碍他人前进，形成唯愿众人都平庸度过，彼此相安无事的局面。

7）培养达观的人生态度。人生本来就是一个大舞台，每个人都有自己适合的角色，人最终的快乐就来自自得其所，各有归宿。要有勇气承认对方比自己更高明、更优越的地方，从而重新认识、发现和创造自己。这样就能从病态的自尊心和自卑感中解放出来，从嫉妒的泥潭中自拔出来。

（3）害羞及其调适。害羞又称社交焦虑，是指面对新环境的交往活动，却羞于同别人交往的一种心理反应，表现为腼腆、胆怯、拘谨，动作忸怩、不好意思、脸色绯红，说话的音量又低又小，有时还颤抖，很不自然。害羞是人际交往中普遍存在的心理现象，尤其发生在与异性的交往中，其产生主要是由于个体对安全感的过分追求。随着年龄的增长、交往的频繁，害羞心理会逐步减弱与消失。但如果过度害羞，就会使人在交往活动中过分约束自己的言行，无法充分表达自己的愿望和情感，也无法与人沟通，妨碍良好的人际关系的形成。学员学生可以从以下四个方面调适自己的害羞心理：

1）树立自信。相信自己有能力以恰当的方式讲述任何事，并能给别人留下良好的印象，相信自己能在交朋友方面比现在做得更好。

2）加强交往实践活动。性格懦弱、十分害羞的人，若从事服务业、教育、商业、行政等常需与别人打交道的职业，其害羞心理能在实践中逐步消失。故有害羞心理的学员学生也应该在自己的生活中勇于去交朋友，多与他人交谈，多参加自己感兴趣的集体活动，让自己的害羞心理在实践中不知不觉消失。

3）加强自律性训练。心理的自我暗示可以使自己沉住气，落落大方，不卑不亢地走向交往场合。交往伊始，要多运用自我暗示的方法，多告诫自己："没什么可怕的""勇敢些，没什么大不了"。

4）善于模仿。善于学习有关的学问，注意观察与模仿一些坦然自若、善于交际、活泼开朗的人的言行举止风度。了解更多交往的具体方法，张嘴就不会"丢丑"，不会助长害羞心理，进而一步步走出害羞。

（4）猜疑及其调适。猜疑是一种完全由主观推测而产生的不信任心理。产生猜疑的主要原因首先是思维封闭，对信息的摄取范围很小，将一切分析、推理、判断都只建立在自己设想的信息上，使其"自圆其说"。其次是有些人对他人缺乏信任、疑神疑鬼。看似怀疑别人，实际上是对自己有怀疑，至少是自信心不足。一般来说，一个人自信心越足，越容易信任别人，越不易产生猜疑心理。再次是挫折经历。猜疑也可能是因缺乏对他人较为全面、确切的评价而导致交往挫折，并对交往挫折产生的一种心理防卫，如有些人以前由于轻信别人，在交往中受过骗，蒙受了巨大的物质或者精神损失，遭受了重大感情挫折，结果不再相信任何人，从而束缚了交往，陷入自我封闭和自卑的境地。猜疑是阻碍人际沟通和理解的一大障碍，它是现代人际关系的暗礁。人的生活需要交往，需要朋友。猜疑不仅使学员学生之间的关系产生裂痕，甚至发展到对立，进而对班集体的团结产生消极影响。而长期不与人交往，会导致一个人孤僻、自卑的心理状态和心理特征的恶性循环，形成自我封闭。猜疑产生的心理原因主要是受到不恰当的他人暗示或者自我暗示。疑心者给人的感觉是心胸狭窄、气度狭小、过分注意自己的得失，他们希望别人相信自己，又怀疑别人看不起自己、不相信自己。猜疑者自身也常常体验到巨大的心理压力，在这种心理状态下，很难与别人进行正常的人际交往，既影响个人潜能的发挥，又影响朋友关系的建立和发展。猜疑是学员学生正常人际交往的"拦路虎"，从根本上说，要消除猜疑就要努力做到以下两点：

1）培养良好的性格。猜疑者的一般表现是与朋友相处时不坦率，不暴露思想，唯恐真实动机被别人察觉到。故需培养正直、诚实、实事求是的性格，养成根据客观事实来进行推理、判断的思维习惯，克服主观武断地下结论、轻易怀疑别人的习惯。

2）提高抱负水平。猜疑往往和一个人抱负水平低、过分拘泥于生活琐事有关。提高自己的抱负水平，在远大目标的追求中开阔个人的胸怀，倾心于自己所追求的事业中，就不会因为人际关系中的琐事而分心了。

（5）孤独及其调适。孤独是因缺乏人际交往而产生的寂寞感与失落感，是宁可独处也不与别人交往所产生的一种心理。孤独是一种主观的心理感受，而不一定与外在行为表现相一致。满怀愁绪无可倾诉的时候，会感到寂寞；生活困难求助无门时，也会感到寂寞。在这种情况下，寂寞心态是难免的，也可以说是正常的。若在多人参与的生活环境下，或者在众皆欢乐的热闹场合里，仍然深深感到寂寞，那就是孤独了。具有高傲、冷僻性格的人容易产生孤独感，他们自命不凡，看不上旁人，感觉别人"庸俗""不懂人情"，于是索性不愿与人交往，不想依靠别人，也不想别人求助于他。孤独会使人丧失社会交往，丧失青春活力，丧失才智和健全的人格。孤独的人一般缺少人际关系，或者说，不能建立亲密的人际关系，故学员学生要战胜人际关系中的孤独心理，可以从以下四个方面进行努力：

1）融入集体之中。心中包容整个世界，把个人永远融于集体之中，这样才能正确处理好个人与社会的关系，发挥个人的才智，这也是战胜孤独的根本。

2）多参与社会活动。唯有参与的动机，不必要求立即获得回报，多学习社会能力，并借此机会让别人认识、了解你。

3）改正不良性格。高傲、冷僻、尖酸、刻薄等性格往往会使人与你疏远，应该加以克服和矫正。

4）培养慎独的工夫。失意与独处是人生无法避免的，应当培养自己具有慎独的工夫，以期在个人独处时也不致会有太大的孤独、寂寞之苦。

（6）自私及其调适。自私心理是由不正确的价值观念而引起的一种不良心理品质。在人际交往中，具有自私心理的人往往是以纯功利的观点看待人际关系，表现为以自我为中心、只关心自己，不为他人的处境和利益着想；在个人利益同他人利益发生矛盾时，可以不择手段，损人利己。在人际交往中，人们普遍厌恶具有这种心理特征的人。学员学生人际交往中自私心理主要表现有：很少关心别人，唯我独尊，自尊心过强，且具有明显的嫉妒心。自私不仅损害了社会的利益和他人的利益，而且最终也使得自私者本人遭受到报应和惩罚。因此，为了社会集体和他人的利益，为了更好地协调人与人之间的关系，学员学生必须坚决克服这种消极的心理品质。学员学生要学会与他人平等相处，虚心接受别人正确的意见和建议，把别人作为一面镜子来反射自己，从别人的评价中认识自己，同时抛开偏见接纳别人，就能逐步摆脱自私心理的束缚。

（7）自负及其调适。自负的人只关心个人的需要，强调自己的感受，在人际交往中表现为自视过高，看不起别人，过度防卫，有明显的嫉妒心。与同伴相聚，不高兴时会不分场合地乱发脾气，全然不考虑别人的情绪和态度。另外，在对自己与别人的关系上，过高地估计了彼此的亲密度，讲一些不该讲的话，这种过分的行为，反而会使人出于心理防范而与之疏远。自负心理强的人往往有很强的自尊心，当别人取得一些成绩或者成功时，他们常用"酸葡萄心理"来维持自己的心理平衡。但是人又不能没有自负。在适当范围内的自负可以激发人的斗志。但脱离实际的自负将会影响生活、学习、工作和人际交往，严重的还会影响心理健康。克服自负心理的办法不少，接受批评是根治自负心理的最佳办法，其次，要注意与人平等相处，以发展的眼光看待一切，以更好地维护正常的人际交往。

（8）偏执及其调适。性格中有偏执倾向的人似乎特别热衷于争论。他们固执、偏激、爱钻牛角尖，且容易动怒。人们有时会误以为这些人为人正直，但很快会发现，这种"正直"令人难以忍受。他们常常会从他人的言行中"捕捉"到一些"不正确"的东西加以反驳；缺乏幽默感，也难以接受别人的玩笑。总之，偏执心理的人具有苛刻、多疑、固执、易激惹的特征，这些在人际交往中是巨大的障碍，因此这些人的人际关系往往也就很差。偏执心理在学员学生中也有一定的普遍性，学员学生要注意予以克服。

（四）学习问题及其调适

1. 学习

广义的学习是指有机体由后天获得经验而引起的比较持久的行为和行为倾向变化。狭义的学习指的是学院情境下的学员学生的学习。学员学生的主要任务是学习，学习成绩对学员学生的评价、职业等产生影响。因此，学习上的挫折与困难是影响学员学生心理健康的因素之一。

2. 学员学生常见学习问题及其调适

（1）学习动力不足及其调适。学习动力不足主要表现在：首先是没有明确学习目标，学习没有计划；其次是注意力分散，学习易受各种内外因素的干扰；再次是厌学情绪强烈，导致不愿上课，甚至千方百计逃课；最后是学习没有成就感、没有抱负和期望，没有求知上进的愿望。学习动力不足的调适可以从以下四个方面入手：

1）强化学习动机。要明确学习目的，增强社会责任感。一切从集体、社会、国家利益出发的学习目的，都是正确的。在与社会需要相适应的学习动机促使下，才会产生学习的自觉性。要积极参加校园文化活动，激发起强烈的求知欲。学院的校园文化活动是丰富多彩的，根据自己的兴趣有选择地参加，对激发求知欲，增强学习动机有帮助。要制订合适的学习计划来强化学习动机。

2）培养学习兴趣。学习兴趣是可以在学习过程中逐步培养的。可以通过多读、多听、多看、多实践来培养学习兴趣。多读专业相关书籍、报刊，把握学术动态；多听学术报告会，了解学术动态和本学科当前最新研究成果；多看一些学术成就展览，以激励兴趣；多参加学院各种科技文化实验活动，在实践中理论联系实际，增长技能，培育科研兴趣等。

3）进行积极归因。归因理论告诉我们，当把一件事情的成功归因为"我非常努力"，而把失败归因为"我努力不够"，便可以让学习者相信，学习的成败是掌握在自己手中的，取决于个人努力的程度。我们应当多从自己的努力程度、学习方法学习基础方面找原因，以便及时找到问题的症结所在，有针对性地进行改进，切不可动不动就怀疑自己的能力有问题。

4）增强自信。可以从比较容易成功的学习任务开始，不断积累小成功，并逐渐增加任务难度，这会强化对自己能力的肯定，增强自信心。有了充分的自信心后，即使遇到些挑战性的任务或者暂时的失败挫折，也能保持积极进取的学习状态。

（2）学习动机过强及其调适。学员学生在学习中缺乏动机固然不好，但走上另一个极端即动机过强同样会影响学习效果。动机过强的学员学生有的表现为成就动机过强。他们急于取得成就，并事事超过他人。在学习中总是对自己当前的行为和表现不够满意，经常自责，经常给自己设置那些很难达到的目标，施加自己无法承受的压力。因此他们的生活高度紧张，长期处于高负荷运转状态。有的表现为奖惩动机过强对奖惩考虑过多，以考试为中心，上课小心翼翼记笔记，下课认认真真对笔记，考试前辛辛苦苦背笔记。这类学员学生往往考分较高，但多学得呆板。有的表现为过于勤奋。他们的学习强度过大，每天学习时间过长，不能劳逸结合，致使注意力不能集中，记忆力下降，思维迟钝，情绪长期处于高焦虑状态，甚至会经常出现头昏、耳鸣、心悸、肠胃不好、失眠多梦等躯体症状，导致学习成绩下降。学员学生的学习动机过强可以从以下四个方面进行调适：

1）保持中等强度的动机。心理学家耶克斯和多德森研究发现，中等强度的动机会带来最好的学习效果，因而是最佳的动机水平。在学习过程中，完成简单任务时，保持较高强度的动机水平；完成难度适中任务时，保持中等强度动机水平；完成复杂和困难任务时，保持偏低动机水平。这样学习效率最佳。

2）建立正确的认识模式。认识和调整不现实的学习目标，找出自身关于学习的不合理信念，建立正确的认知模式，如把"只要我努力了，我就能获得成功"的片面的认知观念调整为"只有努力了才有可能成功"或者"努力＋能力＋环境＝成功"。学会调整观点，学会把关注点聚集在学习活动中，而不总是在学习的结果上。

3）进行恰当的自我评价。学习动机过强的学员学生应该对自己的能力有正确认识，使自己的抱负和期望切合自己的能力发展水平，既不好高骛远，也不操之过急，制定切实可行的、与自己的远大目标相结合的阶段性目标，脚踏实地、循序渐进地进行学习。

4）以宽容的心态对待自己。适当调整自己的抱负和期望水平，以宽容的心态对待自己，降低对学习成败的敏感度，保持情绪的稳定，借助放松法克服严重的学习焦虑，同时积极参与各种有益身心健康的校园文化活动，注意培养自己多方面的兴趣爱好。

（3）学习疲劳及其调适。学习疲劳是因长时间持续进行学习，在生理、心理方面产生的劳累，致使学习效率下降，甚至头晕目眩不能继续学习的状态。学员学生学习疲劳主要分为生理疲劳和心理疲劳两种。生理疲劳是学员学生学习疲劳的指标之一，如头、颈、臂背等部位的肌肉会产生痉挛、麻木、酸胀、疼痛，四肢动作不准确，眼球发胀，头晕目眩无精打采，瞌睡不断等。心理疲劳是学习疲劳的指标之二，主要表现为感觉活动器官机能下降、记忆和思维功能下降，失眠、情绪躁动、忧郁、易怒、烦躁，从而导致学习效率下降。在学习疲劳中，生理疲劳和心理疲劳相伴产生，它们相互影响。克服学习疲劳就应该学会科学用脑。

1）劳逸结合，注意用脑卫生。要注意学习和休息的张弛有度。注意大脑营养，保持充足睡眠。适当参加文体活动，提高大脑工作效率。

2）合理安排，注意用脑时间。用脑时间安排应当注意个体生物节律的作用。所谓生物节律，是指个体智力体力、情绪等有规律的周期性波动，从而形成"高潮期""低潮期"和"临界期"三个阶段的依次交替现象。它是兴奋和抑制相互诱导规律的具体表现。利用生物节律是保持良好精神状态，从而有效地在有限时间内以有限精力获得优异成绩的一个重要因素。反之，如果在"高潮期"去做事务性工作，而在"低潮期"去做创新性工作，实在是一种用脑上的失策。

（4）考试焦虑及其调适。考试焦虑是考生在考试过程中（包括考前复习阶段以及考试进行中）预感考试失利或者考试无把握而产生的焦躁不安的情绪状态。适度的焦虑可以避免动机过弱，保持大脑活动适当的紧张度，提高大脑活动的积极性。过度焦虑才是有危害的。过度焦虑状态会产生一系列生理上的反应，如皮肤出汗、面色苍白、嘴发干、呼吸加深加快等，这一系列的身体反应使人感到不舒服，产生不安全感，并试图摆脱它们，从而分散了注意力，扰乱了正常的思维。具有高度考试焦虑的学员学生，有的会在考前出现明显的生理心理反应，如过分担忧、恐惧、失眠、健忘、食欲减退、腹泻，在临考时心慌气短、呼吸急促、手足出汗、发抖、频频上厕所、思维肤浅、判断力下降、大脑一片空白，有的会在考场上出现视动障碍，如看不清题目、看错题目、丢题落题、动作僵硬、手不听使唤、出现笔误等。过度焦虑不但不能保证正常的学习，还会引起一系列的心理问题，甚至会导致焦虑性人格。我们可以通过认知矫正和运用恰当的应试策略来克服考试焦虑。

1）用科学的态度对待考试。考试具有诊断功能，即运用考试的方式来检查学员学生对教学或者教育内容掌握的程度以便有针对性地进行教学。既然考试无法回避，学员学生不妨采取科学的态度加以对待。学员学生应当摆正考试在自己心目中的位置，明白考试只是衡量学业的一项指标，而不是学习生活的全部。应该调整抱负水平。一旦发现自己把目标定得太高，就要及时作出调整，保持恰当的学习压力。要将精力投入到准备考试的过程中，注重考试的准备过程，降低对考试结果的关注，能够保证考生正常发挥个人潜能。

2）学会运用应试策略。考前要做好充分准备。主要包括两个方面，一方面是做好知识上的准备，主要靠平时学习和考前复习。另一方面是做好心理上的准备，即学习者在心理上要有备考的倾向性，保持中等程度的动机水平。考试中要保持平静。不妨在发试卷的前几分钟，闭目做几次深呼吸，排除一切杂念，只把心思放在考试上。考试后不要过分关心已考科目题目的对错，特别是当后面还有考试时，更应将已经考过的课程暂时抛开，全心全意准备后面的考试。只有这样，才能保持平静的心情，不至于出现考试焦虑。

（五）常用的心理效应

心理效应是社会生活中较常见的心理现象和规律。学员学生在日常学习和生活中灵活运用心理效应，能够提升自身心理健康水平。

1. 罗森塔尔效应

"罗森塔尔效应"又称为"皮格马利翁效应"。最早源于古希腊传说，皮格马利王子千辛万苦雕塑了一尊女神像，每天深情注视。久而久之，女神竟奇迹般复活。这个广为传颂的神话被称为"皮格马利翁效应"，说明期待产生强大的力量。1968年，美国心理学家罗森塔尔和贾布可森对一所小学做了一项心理实验研究，两位心理学家从6个年级的18个班级里随机抽取了约20％的学生，把名单提供给有关教师，并告诉他们，这些学生是学校中最有发展潜能的学生，且一再叮嘱教师"千万保密"。8个月后，罗森塔尔又对全部学生进行第二次发展潜力测验，奇迹出现了，这20％的学生与其他同类学生相比，个个成绩进步飞快，性格活泼开朗，求知欲旺盛，与教师感情特别深厚。

2. 登门槛效应

登门槛效应又称层递效应，指一旦接受了他人的一个小要求，在此基础上，如果他人再提出一个更高的要求，为了给他人留下好印象，或者为了形成认识上的统一，很可能就会接受这更高的要求。

3. 超限效应

超限效应是指刺激物不变，重复作用于个体，而且刺激时间过长，刺激强度过大，造成的结果反而达不到预期，甚至引起个体的逆反心理或者逆反态度。超限效应也反映了物极必反，量变会引起质变的哲学道理。

4. 马太效应

《圣经》中有这样一则故事，主人要暂往外国。临时把家业分别交给3个才干不同的仆人，一个给5000银币，一个给2000银币，一个给1000银币。那领5000银币的仆人，随即去做买卖，赚了5000银币。那领2000银币的仆人也照样赚了2000银币。那领1000银币的仆人，却去掘开地，把银子埋藏了。主人回来时，对前面2人给予奖励，对那个只会把银子埋藏的仆人则说："你这又恶又懒的仆人，既然知道我是这样的一个人，就应当把银子去放债生利，到时连本带利赚钱多好。现在我要夺回你这1000银币，交给那有10000银币的仆人。因为，凡有的，还要加给他，叫他有余；没有的，连他所有的，也要夺过来"。美国科学家科勒，把"凡有的，还要加给他，叫他有余；没有的，连他所有的，也要夺过来"这类心理现象，称之为"马太效应"。

第二节 心 理 测 试

心理测试又称为心理测验，是经过测验编制程序完成标准化的，用以测量心理特性的工具，是心理学工作者依据心理学的理论，按照一定的操作程序，给人的心理特性以量化的过程。使用心理测试可以对学员学生的心理状况进行定量分析，可以及早发现具有严重心理问题的学员学生，借以减少心理危机的产生。

一、心理测试的基本概念

心理测试是依据心理学理论，使用一定的操作程序，通过观察人的少数有代表性的行为，对于贯穿在人的全部行为活动中的心理特点做出推论和数量化分析的一种科学手段。

二、心理测试的分类

（一）按测试的功能分类

1. 智力测试

智力测试的功能是测量人的一般智力水平。

2. 特殊能力测试

特殊能力测试偏重测量个人的特殊潜在能力，多为升学、职业指导以及一些特殊工种人员的筛选所用。常用的有音乐、绘画、机械技巧以及文书才能测试。

3. 人格测试

人格测试主要用于测量性格、气质、兴趣、态度、情绪、动机、信念等方面的个性心理特征，亦即个性中除能力以外的部分。其测试方法有两种：一种是问卷法，另一种是投射法。

（二）按测试材料的性质分类

1. 文字测试

文字测试所用的是文字材料，它以言语来提出刺激，受测者用言语做出反应。

2. 操作测试

操作测试又称非文字测试，测试题目多属于对图形、实物、工具、模型的辨认和操作，无须使用言语作答，所以不受文化因素的限制，可用于学前儿童和不识字的成人。

（三）按测试材料的严谨程度分类

1. 客观测试

在客观测试中，所呈现的刺激词句、图形等意义明确，只需受测者直接理解，无须发挥想象力来猜测和遐想，故称客观测试。绝大多数心理测试都属这类测试。

2. 投射测试

在投射测试中，刺激没有明确意义，问题模糊，对受测者的反应也没有明确规定。受测者做出反应时，一定要凭自己的想象力加以填补，使之有意义。在这过程中，恰好投射出受测者的思想、情感和经验，所以称投射测试。

另外，按照测试的方式分类，可以将测试分为个别测试和团体测试；按照测试的要求分类，可以将测试分为最高行为测试和典型行为测试。

三、纠正错误的测试观

（一）错误的测试观

关于心理测试，人们对其毁誉不一，其主要原因是对它缺乏客观的态度。不客观的态度大体分为两类：一是认为测试完美无缺；二是认为测试无用且有害。

1. 测试万能论

自心理测试问世以来，有人认为心理测试可以解决一切问题，对测试甚至顶礼膜拜，奉若神明。他们迷信测试，把测试分数绝对化，例如 IQ 的差别只有 1 分，也会认为这种差别很有意义。

2. 测试无用论

随着心理测试的不断应用，人们逐渐认识到测试的局限性和不足，有些人甚至反对使用心理测试。原因主要在于以下方面：

（1）某些人格测试侵犯了个人隐私，违背民主原则。他们认为，人的个性和态度是自己的事，与学习或者工作的成功无关，不应在做实际决定时加以考虑。

（2）测试为宿命论和种族歧视提供了心理学依据。如早期智力测试的结果表明，黑人的平均 IQ 低于白人，于是下结论说黑人确实比白人差。但这种观点很快就受到正直的心理学家的批评。

3. 心理测试即智力测试

过去，有些人脑子中有这样一个公式：心理测试＝智力测试＝智商（IQ）＝遗传决定论。这也是一种误解，心理测试长期受这一误解的影响，蒙受了不少"不白之冤"。其实，心理测试和其他科学工具一样，必须加以适当运用才能发挥其功能，如果滥用或者由不够资格的人员实施、解释，则会引起不良后果。

（二）正确的测试观

（1）心理测试是重要的心理学研究方法之一，是决策的辅助工具。除实验法以外，心理测试法的出现是心理科学发展史上的一大进步，是心理学研究中不可缺少的研究方法之一。有许多高级心理过程目前尚无法在实验室进行研究，心理测试就是很好的办法，它可以弥补实验法的不足。

（2）心理测试作为研究方法和测量工具尚不完善。尽管心理测试是心理学研究的必要手段，而且实际生活中也广泛应用，但是心理测试从理论到方法都还存在许多问题，如果过分夸大心理测试的科学性和准确性是不可取的。因此，我们对心理测试的得分做出解释时要小心，尤其是拿测试预测个别人的行为或者心理活动时更应慎之又慎。

四、心理测试在心理咨询中的应用

心理咨询和心理治疗的有效性，不仅取决于咨询人员对心理咨询的性质、过程的正确认识，熟练掌握心理咨询的原则、方法和技能技巧，同时还有赖于对求助者心理特性、行为问题性质的正确评估和诊断，以便于提供适当的指导、帮助和行为矫正训练。因此，心理测试在心理咨询中具有重要的意义。目前，在我国的心理门诊中运用较多的大致有三类心理测试，即智力测试、人格测试以及心理评定量表。智力测试可在求助者有特殊要求时以及对方有可疑智力障碍的情况下应用。人格测试有助于咨询师对求助者人格特征的了解，有助于咨询师了解对方是否属于精神异常范围，以便于对其问题有更深入的理解，并有针对性地开展咨询与心理治疗工作。心理评定量表的用法及评分方法较为简便，多用于检查对方某方面心理障碍的存在与否或者其程度如何，并可反映病情的演变。应该说，心理测试是分析求助者心理问题的重要工具，它不但可以检验咨询人员的判断是否正确，而且还能帮助其对求助者的问题进行深入的分析。

五、测试结果报告

测试结果报告的重要性不言而喻。错误的测试分数的解释与报告，将使我们在测试的选择、施测及评分过程中所做的努力前功尽弃。更重要的是，它还对受测者的身心发展造成不良影响，甚至使社会对心理测试本身产生怀疑和不满，产生极坏的副作用。为此，我们必须了解测试分数的解释与报告的基本原则和方法。

（一）测试分数的综合分析

心理测试结束以后的评分是给每位受测者的智力、能力或者人格特征做出定量分析。一个合格的主测者应当围绕测试分数进行一系列的综合分析。

（1）应当根据心理测试的特点进行分析。由于测试误差的影响，受测者的测试分数会在一定范围内波动，故应该永远把测试分数视为一个范围而不是一个确定的点。

（2）不能把分数绝对化，更不能仅仅根据一次测试的结果轻易下结论。一个人在任何一个测试上的分数，都是他的遗传特征、测试前的学习经验以及测试情境的函数，这些因素都会对测试成绩有所影响，具体表现如下：

1）为了能对测试分数做出有意义的解释，必须将个人在测试前的经历考虑在内。

2）测试情境也是一个需要考虑的因素，不要单纯根据分数武断地下结论。

3）为了对测试分数做出确切的解释，只有常模资料是不够的，还必须有测试的信度和效度资料。

4）对于来自不同测试的分数不能直接加以比较。

（二）报告分数的具体建议

为了使受测者本人以及与受测者有关的人，如家人、教师等，能更好地理解分数的意义，在报告分数时要注意如下问题：

（1）应告知对于测试分数的解释，并非仅仅报告测试分数。

（2）要避免使用专业术语，用通俗的话来解释测试分数及其所代表的意义。

（3）要保证当事人知道这个测试测量或者预测什么。

（4）要使当事人知道他是和什么团体在进行比较。

（5）要使当事人知道如何运用他的分数。

（6）要考虑测试分数将给当事人带来的心理影响。由于对分数的解释会影响受测者的自我认识和自我评价，进而会影响他的行为，所以在解释分数时要十分谨慎，做好必要的思想工作，防止受测者因分数低而悲观失望，或因分数高而骄傲自满。

（7）要让当事人积极参与测试分数的解释。在解释分数的阶段，要观察当事人的反应，鼓励当事人提出问题。

六、常见的心理测试量表

（一）90项症状清单（SCL-90）

90项症状清单（Symptom Checklist 90，SCL-90）又称症状自评量表，由 L. R. Derogatis 编制。该量表自20世纪80年代引入我国，随即广泛应用，在各种自评量表中是比较受欢迎的一种。

1. 项目和测试标准

本量表共90个项目，包含有较广泛的精神症状学内容，从感觉、情感、思维、意识、行为直至生活习惯、人际关系、饮食睡眠等，均有涉及。它的每一个项目均采取5级评分制，具体说明如下：

（1）没有：自觉并无该项症状（问题）。

（2）很轻：自觉有该项症状，但对受检者并无实际影响，或影响轻微。

（3）中等：自觉有该项症状，对受检者有一定影响。

（4）偏重：自觉常有该项症状，对受检者有相当程度的影响。

（5）严重：自觉该症状的频度和强度都十分严重，对受检者的影响严重。

这里所指的影响包括症状所致的痛苦和烦恼，也包括症状造成的心理社会功能损害。"轻""中""重"的具体定义，则应该由自评者自己去体会，不必做硬性规定。SCL-90 没有反向评分项目。

2. 测试注意事项

在开始测试前，先由工作人员把总的评分方法和要求向受检者交代清楚。然后让他作出独立的、不受任何人影响的自我评定，一次评定一般约20分钟。还应注意，测试的时间范围是"现在"或者是"最近一个星期"。SCL-90的适用范围颇广。主要为成年人的神经症、适应障碍及其他轻性精神障碍患者。它对有可能处于心理障碍边缘的人有良好的区分功能，适用于测查人群中哪些人可能有心理障碍、有何种心理障碍及其严重程度如何。不适合于躁狂症和精神分裂症。

3. 统计指标

SCL-90的统计指标主要有以下各项，其中最常用的是总分与因子分。

（1）单项分：90个项目的个别评分值。

（2）总分：90个单项分相加之和。

（3）总均分：总分除以90。

（4）阳性项目数：单项分不小于2的项目数，表示患者在多少项目中呈现"有症状"。

（5）阴性项目数：单项分等于1的项目数，即90-阳性项目数。表示患者无症状的项目有多少。

（6）阳性症状均分：阳性项目总分除以阳性项目数，另一计算方法为总分-阴性项目数除以阳性项目数。表示患者在所谓阳性项目即"有症状"项目中的平均得分，反映该患者自我感觉不佳的项目其严重程度究竟介于哪个范围。

（7）因子分共包括九个因子，其因子名称及所包含项目如下：

1）躯体化：包括1、4、12、27、40、42、48、49、52、53、56和58项，共12项。该因子主要反映主观的身体不适感。

2）强迫症状：包括3、9、10、28、38、45、46、51、55和65项，共10项，反映临床上的强迫症状群。

3）人际关系敏感：包括6、21、34、36、37、41、61、69和73项，共9。主要指某些个人不自在感和自卑感，尤其是在与他人相比较时更突出。

4）抑郁：包括5、14、15、20、22、26、29、30、31、32、54、71和79项，共13项。反映与临床上抑郁症状群相联系的广泛的概念。

5）焦虑：包括2、17、23、33、39、57、72、78、80和86项，共10项。指在临床上明显与焦虑症状相联系的精神症状及体验。

6）敌对：包括11、24、63、67、74和81项，共6项。主要从思维情感及行为3个方面来反映患者的敌对表现。

7）恐怖：包括13、25、47、50、70、75和82项，共7项。它与传统的恐怖状态或者广场恐怖所反映的内容基本一致。

8）偏执：包括8、18、43、68、76和83项，共6项。主要是指猜疑和关系妄想等。

9）精神病性：包括7、16、35、62、77、84、85、87、88和90项，共10项。其中有幻听、思维播散、被洞悉感等反映精神分裂样症状项目。

19、44、59、60、64、66和89项，共7个项目，未能归入上述因子，它们主要反映睡眠及饮食情况。在有些资料分析中，将其归为因子10"其他"。

（二）抑郁自评量表（SDS）

抑郁自评量表（Self-Rating Depression Scale，SDS）由 Zung 编制于1965年，是美国教育卫生福利部推荐的用于精神药理学研究的量表之一，因使用简便，应用颇广。

1. 项目和测试标准

SDS 含有20个项目，每条文字及其所希望引出的症状如下（括号中为症状名称）：

（1）我觉得闷闷不乐，情绪低沉（忧郁）。

（2）＊我觉得一天中早晨最好（晨重晚轻）。

（3）我一阵阵哭出来或者觉得想哭（易哭）。

（4）我晚上睡眠不好（睡眠障碍）。

（5）＊我吃得跟平常一样多（食欲减退）。

（6）＊我与异性密切接触时和以往一样感到愉快（性兴趣减退）。

（7）我发觉我的体重在下降（体重减轻）。

（8）我有便秘的苦恼（便秘）。

（9）我心跳比平常快（心悸）。

（10）我无缘无故地感到疲乏（易倦）。

（11）＊我的头脑跟平常一样清楚（思考困难）。

（12）＊我觉得经常做的事并没有困难（能力减退）。

（13）我觉得不安而平静不下来（不安）。

（14）＊我对将来抱有希望（绝望）。

（15）我比平常容易生气激动（易激惹）。

（16）＊我觉得做出决定是容易的（决断困难）。

（17）＊我觉得自己是个有用的人，有人需要我（无用感）。

（18）＊我的生活过得很有意思（生活空虚感）。

（19）我认为如果我死了，别人会过得好些（无价值感）。

（20）＊平常感兴趣的事我仍然感兴趣（兴趣丧失）。

SDS 按症状出现频度评定，分 4 个等级：没有或很少时间，少部分时间，相当多时间，绝大部分或者全部时间。若为正向评分题，依次评为 1 分、2 分、3 分、4 分；反向评分题（前文中有＊号者），则评为 4 分、3 分、2 分、1 分。

2. 测试注意事项

表格由评定对象自行填写，在自评者评定以前，一定要让他把整个量表的填写方法及每条问题的含义都弄明白，然后做出独立的、不受任何人影响的自我评定。在开始评定之前先由工作人员指着 SDS 量表告诉他："下面有 20 条文字，请仔细阅读每一条，把意思弄明白，然后根据您最近一星期的实际情况在适当的方格里画钩（√）。每一条文字后有 4 个方格，分别代表没有或很少（发生）、少部分时间、相当多时间或者全部时间。"一次评定可在 10 分钟内填完。评定时要注意以下事项：

（1）评定时间范围，强调评定的时间范围为过去 1 周。

（2）评定结束时，工作人员应仔细检查一下自评结果，应提醒自评者不要漏评某一项目，也不要在相同一个项目里打两个钩（重复评定）。

（3）如用以评估疗效，应在开始治疗或者研究前让自评者评定一次，然后至少应在治疗后或者研究结束时让他再自评一次，以便通过 SDS 总分变化来分析该自评者的症状变化情况。在治疗或者研究期间评定，其时间间隔可由研究者自行安排。

（4）要让调查对象理解反向评分的各题，SDS 有 10 项反向项目，如不能理解会直接影响统计结果。为避免这类理解与填写错误，可将这些问题逐项改正为正向评分，具体改动例如："（2）我觉得一天中早晨最差；（5）我吃得比平常少"等。

（三）生活事件量表（LES）

生活事件量表（LES）由杨德森和张亚林编制，用于评估个体对生活事件的感受性，分别观察评估正性（积极性质的）、负性（消极性质的）生活事件的影响作用。用途如下：

（1）神经症、心身疾病、各种躯体疾病及重性精神疾病的病因学研究，可确定心理因素在这些疾病发生、发展和转归中的作用分量。

（2）指导心理的治疗、危机干预，使心理治疗和医疗干预更具针对性。

（3）甄别高危人群、预防精神障碍和心身疾病，对 LES 分值较高加强预防工作。

（4）指导正常人了解自己的精神负荷、维护心身健康、提高生活质量。

1. 项目和测试标准

LES 含有 48 条我国较常见的生活事件，包括三个方面的问题：一是家庭生活方面（28 条）；二是工作学习方面（13 条）；三是社交及其他方面（7 条）。另设有 2 条空白项目，供填写当事者已经经历而表中并未列出的某些事件。对每个所经历的生活事件分别询问：一是是否发生和事件发生的时间，分为未发生、一年前、一年内、长期性 4 个选项；二是事件的性质，是好事还是坏事；三是事件对精神影响程度，分为无影响、轻度、中度、重度、极重度 5 级，分别记 0 分、1 分、2 分、3 分、4 分；四是影响持续时间，是 3 月内、半年内、1 年内、1 年以上 4 个时间段，分别记 1 分、2 分、3 分、4 分。

2. 测试注意事项

LES 适用于 16 岁以上的正常人、神经症、心身疾病、各种躯体疾病患者以及自知力恢复的重性精神病患者。这是一个自评量表，填写者须仔细阅读和领会指导语，然后逐条过目。根据调查者的要求，将某一时间范围内（通常为一年内）的事件记录下来。有的事件虽然发生在该时间范围之前，如果影响深远并延续至今，可作为长期性事件记录。对于表上已列出但并未经历的事件应注明"未经历"，不留空白，以防遗漏。然后，由填写者根据自身的实际感受而不是按常理或者伦理道德观念去判断那些经历过的事件对本人来说是好事或者是坏事，影响程度如何，以及影响持续的时间有多久。

3. 统计指标和结果分析

生活事件刺激量的计算方法如下：

某事件刺激量＝该事件影响程度分×该事件持续时间分×该事件发生次数

正性事件刺激量＝全部好事刺激量之和

负性事件刺激量＝全部坏事刺激量之和

生活事件总刺激量＝正性事件刺激量＋负性事件刺激量

另外，还可以根据研究需要，按家庭问题、工作学习问题和社交问题进行分类统计。

LES 总分越高反映个体承受的精神压力越大。95％的人一年内的 LES 总分不超过 20 分，99％的人不超过 32 分。负性事件的分值越高，对身心健康的影响越大。正性事件分值的意义尚待进一步研究。

第三节 心理异常排查

一、心理排查的基本概念

心理排查是指运用心理学相关理论和技术及时发现和识别潜在的或现实的心理危机预警信息，对预警个体或者预警范围的心理危机发展程度进行有效判断和评估的过程。心理排查的结果为下一步采取及时、正确的干预措施提供依据。因此，在工作中应当牢牢抓住一个"全"字，即建立覆盖全院的、全面通畅的预警信息发现、报告渠道。

二、心理排查工作机制

（一）排查原则

坚持两个排查相结合，即对全体学员学生的排查与对重点关注对象的排查相结合，定期排查和不定期排查相结合。

（二）排查渠道

1. 学工人员和心理教师渠道

学工人员和心理教师针对重点关注对象进行深入约谈，鉴别出可能存在心理危机的学员学生并对其进行适当干预。

2. 班级心理委员和公寓安全信息员渠道

建立包括班级心理委员、公寓安全信息员和朋辈心理学工人员在内的班级信息员队伍，信息员依据心理危机的排查重点，结合学员学生日常行为表现和同学反馈，对本班级或者本公寓的学员学生进行有针对性的访谈。

（三）心理排查约谈机制

1. 约谈开场接待

约谈对象在约定的时间前来参加约谈，约谈工作人员起身迎接，引导学员学生入座，向受邀学员学生解释约谈目的、约谈所需时间以及保密原则。态度真诚、热情，与约谈对象建立初步信任关系。时间控制在 5 分钟左右。

2. 摄入性会谈过程

（1）了解学员学生的适应状况、情绪状况、人际关系、学习、家庭、日常活动、性格特征、对个人有重大影响的生活事件等方面，时间控制在 40 分钟左右。

（2）从以下三个方面判断学员学生是否心理异常：是否出现幻觉或妄想；情感与认知是否一致，有无自知力；个性是否相对稳定。

（3）评估学员学生是否存在心理健康问题，程度如何。重点关注学员学生近期的情绪特点，是否有焦虑、抑郁、狂躁、淡漠等情绪问题，有无自杀意念。

3. 收尾

重申保密原则，告知可提供的心理援助服务、联系方式等，时间控制在 5 分钟左右。

4. 约谈学员学生分类及后续处理

根据约谈评估结果对约谈学员学生进行分类处理。

（1）暂未发现有明显心理问题的学员学生。对暂未发现有明显心理问题的学员学生仍要密切关注，定期沟通交流，多方了解学员学生状况，继续关注其心理健康状况。

（2）存在一般心理问题的学员学生。对存在一般心理问题的学员学生，学工人员持续关注并定期安排约谈，防止心理危机的产生。

（3）存在严重心理问题或者要求接受心理咨询的学员学生。对存在严重心理问题或者要求接受心理咨询的学员学生，应当纳入学院心理咨询工作，由心理咨询师定期进行心理咨询，原则上一周一次，一次 50 分钟为宜。

（4）心理异常或者有自杀倾向的学员学生。对心理异常或者有自杀倾向的学员学生，第一时间开展心理危机的干预和跟踪监控，上报学员学生工作部，联系其送培单位或者家长沟通处理。

5. 约谈注意事项

（1）约谈务必坚持保密原则。需要保密的内容包括但不限于约谈中学员学生暴露的内容、收集的相关材料及心理测试结果等。心理测试报告属于机密文档，未经许可，不得传阅。

（2）约谈要注意技巧，避免给当事人造成恐慌或者逆反心理。

6.建立心理档案

每次约谈结束后，应当填写学员学生心理约谈记录表，学员学生心理测试报告与学员学生心理约谈记录表一同存入学员学生心理档案，于培训班（学期）结束后完成档案归档工作。

（四）重点关注对象

（1）对有以下表现或者问题的学员学生，应当作为心理排查的高危个体予以特别关注：心理普查和往次心理排查中反馈需特别关注的学员学生；性格过于内向、孤僻、自卑，长期缺乏或者丧失社会支持，有缺陷感或不安全感，存在攻击性行为或者暴力倾向的学员学生；人际关系失调或者人际冲突明显，且长期排斥外部支持的学员学生；个人情感、环境适应、学业、生活等方面存在困难，且心理压力过大的学员学生；患有严重躯体疾病、治疗周期长、内心痛苦以及饮食、睡眠、体重出现变化的学员学生；患有严重心理疾病（如患有抑郁症、恐惧症、强迫症、癔症、焦虑症、精神分裂症、情感性心理疾病等）的学员学生；近期经历了重大生活事件的学员学生，如家庭发生重大变故、身体发现严重疾病、遭遇性危机、感情受挫、受辱、受惊吓、经历自然灾害等；因身边同学出现心理危机状况而受到影响，产生恐慌、担心、焦虑等状况的学员学生；家庭成员中有自杀史或者自杀倾向的学员学生；非病假、事假而长时间逃课的学员学生；网络成瘾及其他有情绪困扰、行为异常的学员学生。

（2）对近期发出下列预警信息的学员学生，应当作为心理危机的重点干预对象及时进行危机评估与干预：说过要自杀，收集与自杀方式有关的资料并与人探讨，将死亡、抑郁作为谈话、写作、阅读内容或者艺术作品的主题，或者常在江河、高楼徘徊的学员学生；近期内有过自伤或者自杀未遂行动；最近有朋友或者家人死亡或者自杀或者其他丧失的学员学生（如由于父母离婚失去父亲或者母亲）；不明原因突然给同学、朋友或者家人送礼物、请客、赔礼道歉、述说告别的话等行为明显改变的学员学生；情绪突然明显异常的学员学生，如特别烦躁，高度焦虑、恐惧，易感情冲动，或者情绪异常低落，或者情绪突然从低落变为平静，或者饮食睡眠受到严重影响等；突然的性格改变、反常的中断、攻击性或者闷闷不乐，或者新近从事高度危险性活动；学习成绩突然显著恶化或者好转，慢性逃避或者拖拖拉拉，或者离院出走；出现明显躯体症状，如进食障碍，失眠或者睡眠过多，慢性头痛或者胃痛；抓伤或者划伤身体，或者其他自伤行为；使用或者增量使用成瘾物质。

（五）重点时段

1.入学前后

进入学院后，学员学生面临生活环境变化、课程任务繁重，日常管理严格、同学竞争加剧等情况，突如其来的环境变化容易导致学员学生产生心理压力，出现情绪波动。

2.放假前后

短暂的假期原本是为了使学员学生更好地调整身心状态，缓冲学习压力，但部分学员学生因过度放松，造成假期前后生活反差过大，极易陷入厌学情绪。

3. 考试前后

学员学生肩负着家庭期望和个人期望，大多具有自我要求高、自尊心强的心理特征，考试前后的高负荷压力使学员学生处于身心疲惫状态，容易诱发心理危机。

4. 重大活动前后

在校期间，学院定期组织开展党性教育、志愿服务、素质拓展等活动，然而，一些性格内向、孤僻的学员学生并不愿意自我表现，久而久之，容易出现压抑、孤独、自闭等症状。

5. 季节交替前后

季节交替时期，由于气温、气压、光照等气象要素的变化，易导致生理节律紊乱和内分泌失调，继而出现情绪波动。春夏交际，学员学生容易出现焦躁易怒、兴趣减退、睡眠障碍等症状，而秋冬交际，学员学生容易产生精力不足、嗜睡疲劳、情绪低落等症状。

第四节 心理危机干预

一、心理危机干预的相关概念

（一）心理危机

心理危机是指个体面临重大生活事件如亲人死亡、婚姻破裂或者天灾人祸等时，既不能回避，又无法用通常解决问题的方法来应对时所出现的一种心理失衡状态。这种心理失衡的状态致使求助者陷入痛苦、不安状态，常伴有绝望、冷漠、焦虑以及自主神经症状和行为障碍。

（二）心理危机干预

危机干预又称危机介入、危机管理或者危机调解，是给处于危机中的个体提供有效帮助和心理支持的一种技术，通过调动他们自身的潜能来重新建立或者恢复到危机前的心理平衡状态，获得新的技能，以预防心理危机的发生。

（三）应激

所谓应激，是指机体在各种内外环境因素及社会、心理因素刺激时所出现的全身性非特异性适应反应，又称为应激反应。这些刺激因素被称为应激源。应激是在出乎意料的紧迫与危险情况下引起的高度紧张的情绪状态。在个体水平上，应激源可以分为8个类别：暴力性损失、生命威胁、遇到可怕的思维、受到故意伤害、外伤、目睹暴力行为、接触有害试剂和对他人的死亡负有责任。

（四）应激相关障碍

（1）急性应激障碍（简称 ASD），是在剧烈的、异乎寻常的精神刺激、生活事件或者持续困境的作用下引发的精神障碍，以严重的精神打击作为直接原因，患者在受刺激后立即（1 小时之内）发病，表现为有强烈恐惧体验的精神运动性兴奋，行为有一定的盲目性，或者表现为精神运动性抑制，甚至木僵。

（2）创伤后应激障碍（简称 PTSD），是由于受到异乎寻常的、突发性、威胁性或者灾难性的应激性事件或者处境，导致个体延迟出现和长期持续存在心理障碍，其临床表现以再度体验创伤为特征，并伴有情绪的易激惹和回避行为。

二、心理危机的类型及发生机制

（一）心理危机的特征

1. 危机与机遇并存

危机可能导致个体严重的病态或者过激行为，同时危机中潜伏着机会，它带来的痛苦和焦虑迫使求助者积极寻求帮助，这就有可能打破个体原有的定势或者习惯，提高适应环境的能力，带给个体成长的机遇。

2. 危机的复杂性

危机是复杂的，它就像一张网，个体微观环境与大环境相互交织。一旦危机出现，会有很多复杂的问题显现出来。

3. 危机解决的困难性

当个体处于危机时，其可供利用的心理能量降到最低点，有些深陷危机的个体会拒绝成长。危机干预者要帮助处于危机中的个体建立新的平衡。常用的心理学方法有支持治疗、焦点解决短期心理治疗、家庭治疗、认知行为治疗等。但无论哪种方法都有其适应范围，没有解决危机的万能的方法。

4. 危机的普遍性与特殊性

危机的普遍性是指在特定情况下，无人能够幸免。危机的特殊性是指面对同样的情况，有些人能够战胜危机，而有些人则不能。

（二）心理危机的类型

1. 发展性危机

发展是人生的主要命题，在重要的成长和发展过程中，现实境遇的急剧转变和身份角色的突然变化都会使个体产生一定的心理反应，这些事件如果超出了个体的应对能力，则会导致发展性危机。发展性危机是正常的、不可避免的，比如个人在升学就业、恋爱结婚、晋升退休等重要人生节点上都可能出现心理危机反应，但需要注意的是即使每个个体遭遇相同的发展性危机事件，其出现的潜在心理机制也可能相差甚远。

2. 境遇性危机

境遇性危机指因个人无法预测和控制，或者罕见的、突然发生的事件所导致的危机，这些事件具有随机性、突发性，如工作严重挫折、发生意外事故、受到违纪处分、失恋、遭遇自然灾害、亲友死亡、自己身患疾病等。突发事件或者应激事件影响的范围和程度取决于学员学生的心理健康基础、对事件的认知水平与应对方式，以及当时的身体健康状态。因此，在有这类境遇性危机事件出现后，要特别关注本身就有心理困扰和障碍的学员学生，以及因突发事件和应激事件而导致思想、行为和情绪特别反常的学员学生。

3. 存在性危机

存在性危机指由重要的人生问题所带来的危机和冲突，如责任、独立、承诺等。存在性危机是一种压倒性的、持续性的体验，可能由现在的实际情况引起，也可能由对自己过去不满所引起。

4. 病理心理危机

在这类危机中，病理心理是主要特征。某些心理障碍、心理疾病或者精神疾病本身就是一种心理危机，如抑郁、焦虑、精神分裂症等。也有些失调的行为会引发危机，如品行障碍或者违法犯罪。

（三）心理危机的发生阶段

个体与环境之间在一般情况下处于一种动态平衡的状态，当面对生活中重大应激而无法应付时，往往会产生紧张、焦虑、抑郁和悲观失望等情绪问题，导致心理失衡。个体与环境之间的平衡状态能否维持，与个体对应激事件的认识水平、环境或者社会支持，以及应付技巧这三个方面关系密切。心理危机是一个过程或者一个过渡状态，一般认为危机的发展过程可分为四个阶段，具体如下：

（1）第一阶段，创伤性应激事件使其内心失衡，情绪的焦虑水平上升，为了重新获得平衡，个体试图用其常用的应对方式来减轻或者消除焦虑，以获得心理平衡。此阶段的个体一般不会向他人求助。

（2）第二阶段，经过一段时间的努力，个体发现常用的应对方式未能解决问题，创伤性应激反应持续存在，焦虑情绪加重，高度紧张的情绪影响了个体的理性思维，降低了其行为的有效性，社会适应功能明显减退。

（3）第三阶段，尝试各种方法仍不能有效解决问题，个体的紧张程度持续增加，并想方设法寻求和尝试新的解决方法。此阶段的个体求助动机最强，常常不顾一切发出求助信号，甚至尝试自己曾认为荒唐的方式。此时的个体最容易受到他人的暗示和影响。

（4）第四阶段，个体经过前三阶段仍未解决问题，紧张和焦虑上升到无法忍受的程度，此时个体将体验到习得性无助，如对自己失去信心和希望，甚至把问题泛化至怀疑整个生命的意义，很多人正是在这个阶段企图自杀。同时，强大的心理压力有可能触发以往未能完全解决的、被各种方式掩盖的内心深层冲突，有的人由此产生人格解体、行为退缩或者精神障碍。此阶段的个体需要外界帮助才可渡过危机。

因此，在日常工作中，应做到及时发现学员学生心理危机，并在第三阶段之前给予帮助解决。

（四）心理危机可能产生的结果

由于每个人处理危机的方式不同，人格特质不同，所获得的社会支持不同，因此，每次危机产生的结果也不同。主要包括以下四个方面：

（1）个体不仅顺利渡过心理危机，而且从危机过程中学会了处理危机的新的应对方式，心理适应能力和抵抗危机的能力得到提高，总体心理素质超出危机前水平。

（2）个体看似渡过了心理危机，但只是暂时将不良情绪压抑到潜意识中，并没有真正解决问题，当下一次遇到同样的危机事件时，可能会出现新的不适应情况。

（3）个体未能渡过心理危机而陷入绝望之中，采取消极应对方式（酗酒、药物滥用等），或者变得孤独、多疑、抑郁、自责、焦虑、适应不良，乃至发展成为精神障碍或者神经症。

（4）个体未能渡过心理危机，对未来产生绝望情绪，企图以结束生命的方式得到解脱。

在实际工作中，第一种情况是需要努力达到的结果。为了避免第二种情况的发生，应当对相关个体的心理状态进行科学评估。第三种情况说明个体未能获得有效帮助，应当继续予以关注并采用专业手段进行帮助。第四种情况是心理危机最严重的后果，也是在实际工作中需要积极预防和杜绝的。

三、学员学生心理危机干预

（一）学员学生心理危机干预的主要领域

危机干预的主要领域包括自杀和丧失亲人两个方面。

1. 自杀

在危机干预工作中，危机干预者总会面对有自杀意念或者自杀未遂的求助者。虽然危机干预者不一定能够识别每一个有较高自杀危险的求助者，也不可能完全预防具有高度危险的求助者自杀，但已经证明，评估、提供支持和干预措施对这些人是有帮助的。对有自杀意念或者自杀未遂的求助者的评估包括三个方面：危险因素、自杀线索、呼救信号。

（1）危险因素。一个人如果具备下列4～5项危险因素，就可以认为此人处于自杀的高危时期：家族有自杀史；有自杀未遂史；已经形成一个特别的自杀计划；最近经历了心爱的人去世、离婚或者分居；最近由于经济损失或者受虐待使得家庭不稳定；陷入特别的创伤而难以自拔；有精神疾病；有药物和乙醇滥用史；最近有躯体或者心理创伤；独居，而且与他人失去联系，有抑郁症，目前处于抑郁症的恢复期或者抑郁发作正在住院治疗；在分配个人财产或者安排后事；有特别的情绪和行为改变，如冷漠、退缩、隔离、易怒、恐慌、焦虑，或者社交、睡眠、饮食、学习、工作习惯发生改变；有严重的绝望或者无助感；陷于曾经历过的躯体、心理或者性虐待的情结不能自拔；有愤怒、攻击性、孤独、内疚、敌意悲伤或者失望等情感表达。

（2）自杀线索。大多数犹豫不决或者内心冲突的自杀的求助者，都会表现出一些自杀线索或者以某种方式寻求帮助。这些线索可能是言语的、行为的或者处于某种状态的。言语线索指口头或者书面表明的，可能直接说"我不想活了"或者"死了更好"，也可以是写遗书。行为线索可能是与人告别、安排后事，甚至割腕。状况线索包括难以忍受的躯体疼痛或者不能治愈的疾病。其他线索包括严重的抑郁症、孤独、绝望、依赖及对生活的不满。

（3）呼救信号。值得庆幸的是，几乎所有想自杀的求助者都提供了几种线索或者呼救信号。有些线索和寻求帮助的信号易于识别，但也有些是难以识别的。

可以说，没有人完全想自杀。有强烈死亡愿望的人是非常矛盾的，他们的思维是非逻辑性的，他们的选择也总停留在非此即彼的思维模式上。他们只看到两种选择：痛苦或者死亡。他们不能想象自己能够走向幸福、成功。每一个求助者都有不同的特点，对危机干预者来说，不论求助者是否存在强烈的死亡愿望或者绝望感，并伴随自杀方式，都必须评价自杀意念的强度和自杀危险的程度。对自杀的咨询和干预不是简单容易的事情。每个人和每个问题都不一样。尽管不可能针对每一个有自杀危险的人制定清楚的、简单的干预策略，但实际工作中还是有一些共同的干预原则和策略。对于成年求助者，危机干预者要尽快和求助者建立起一种能够沟通及可信赖的关系，然后通过让其讲出自己现在的痛苦，来减少其无助感，最后重建求助者的希望感。大多数求助者认为自己失去了生活的控制能力。危机干预者可以帮助其接受自己能控制自己的想法、感觉、行为的事实，并且帮助其认识哪些是外部状况和事件。诚恳地、富有同情心地、令人信赖地帮助求助者重新获得希望，使其认识那些通常对其有效、可行的选择。下面的建议适用于任何进行自杀干预和预防的人：不要对求助者责备或说教；不要对求助者的选择、行为提出批评；不要与求助者讨论自杀的是非对错；不要被求助者告诉你的危机已经过去的话所误导；不要否定求助者的自杀意念；不要让求助者一个人留下，或者因为周围的人或者事而转移目标；在急性危机阶段，不要诊断、分析求助者的行为或者对其进行解释；不要让求助者保留自杀危机的秘密；不要把过去或者现在的自杀行为说成是光荣的、浪漫的或者神秘的；不要忘记追踪观察。

2. 丧失亲人

明显的、较大的丧失如父母或者亲朋的死亡，可能导致危机。从这种丧失中恢复可能需要好几年，而且在一个人的余生中可能产生持续而深刻的影响。虽然这种丧失是永久的，危机干预者还是可以为丧失者提供帮助。危机干预者可以通过让悲伤的求助者进行回忆，在回忆中重构所有的危机，让丧失者加强自我，以有利于健康的方法解除悲伤。这种方法可以使丧失者从毁灭性的事件中吸取有意义的东西，从而激发自信心。需要注意的是，丧失亲人的悲痛和逐渐康复对每个人都有所不同。危机干预者可以提供帮助，但丧失者只能自己来克服悲痛，抚平创伤。

（二）心理危机干预的目的

心理危机干预的目的是通过适当释放积压的情绪，改变对危机事件的认知态度，结合适当的内部应对方式、社会支持和环境资源，帮助求助者获得对生活的自主控制，渡过危机，预防发生更严重及持久的心理创伤，恢复心理平衡。心理危机干预的主要目的如下：

（1）稳定情绪。尽力阻止危机事件后悲痛情绪的进一步扩大和蔓延，防止过激行为，如自伤、自杀。

（2）提供适当医疗帮助。处理昏厥、情感休克或者激动状态，缓解急性应激症状。针对出现灾后应激问题的个人和群体提供心理方面的支持与治疗。鼓励求助者充分表达自己的思想和情感，鼓励其重新梳理自信心和正确的自我评价，提供适当建议，促使问题得到解决。

（3）重建个体的各项心理和社会功能以及恢复对生活的适应。从某种意义上来说，危机意味着机会，如果个体能够利用这一机会则危机干预能够帮助个体成长和自我实现。但是危机干预毕竟不是心理咨询与治疗，分为优先目标和次要目标。优先目标是降低创伤后压力的核心症状，如创伤事件历历在目、回避某些情景避免勾起伤痛，引起不适。次要目标是改善个体压力弹性，减少不良行为，如饮酒、物质滥用、暴力等。解决并存的精神症状，如忧郁等。

（三）心理危机干预的注意事项

（1）心理危机干预是针对处于心理危机的个人给予适当的心理援助，而并非程序化的心理咨询。

（2）心理危机干预的最佳时间是遭遇创伤性事件后的 24 小时到 72 小时。24 小时以内一般不进行危机干预，若是 72 小时以后进行干预，则干预效果有所下降。

（3）心理危机干预的方法是最简易的心理咨询方法，如心理支持技术、放松训练等。

（4）心理危机干预必须和社会支持系统结合起来。

（四）心理危机干预与心理咨询和治疗的比较

危机干预是短程和紧急的心理咨询和治疗，本质上属于支持性心理咨询和治疗，是为解决或者改善求助者的困境而发展起来的，以解决问题为主，一般不涉及求助者的人格塑造。从心理学的角度来看，危机干预是一种通过调动处于危机之中的个体自身潜能，来重新建立或者恢复心理平衡状态的心理咨询和治疗技术，二者的不同之处见表 3-2。

表 3-2　　　　　　　　心理危机干预与心理咨询和治疗的不同

项　目		心 理 危 机 干 预	心 理 咨 询 和 治 疗
对象	情感方面	反应受损，不能了解自己的情绪状态	情感表现良好，理解和体验
	认知方面	不合逻辑的思维和推理	认识到行为与后果、合理与不合理的联系
	行为方面	失去控制能力	有行为控制能力
原则	诊断	迅速作出检查	完整的检查评估
	治疗	侧重目前的创伤应激内容	侧重基本的潜在因素和整体
	计划	目前减轻危机症状的需要	长期治疗的需要
	方法	有时限，简化技术，立即控制或者消除	多种技术，短、中、长期的治疗效果
	目标	恢复危机前水平	总的功能状态

（五）心理危机干预模式

1. 平衡模式

该模式认为危机状态下的个体通常处于一种心理情绪失衡状态，他们原有的应对机制和解决问题的方法不能满足当前需要。因此，危机干预工作的重点应该放在稳定个体情绪上，使他们重获危机前的平衡状态。这种模式应用于危机干预的早期阶段。

2. 认知模式

该模式认为危机导致心理伤害的主要原因在于求助者对危机事件和围绕事件的境遇进行了非理性思维，而不在于事件本身。该模式要求心理危机干预工作者帮助求助者认识到存在于自己认知中的非理性和自我否定的内容，重新获得思维中的理性和自我肯定，最后获得对危机的控制能力。认知模式可以解释危机事件中不同个体情绪反应的差异，一般运用于危机事件稳定后伴有不良情绪体验和不良行为表现的个体的心理干预。

3. 心理社会转变模式

该模式认为，除了考虑危机中个体的心理资源和应对能力以外，还要了解求助者的同伴、家庭、职业、宗教和社区的影响，帮助个体寻求可用的社会支持，并注意挖掘和调整自身的应对方式。危机干预的目的在于将求助者的内部资源与社会支持、环境资源充分调动和结合起来，从而使求助者有更多的解决问题的方式可以选择。

（六）心理危机干预的一般步骤

Gilliland 和 James 提出危机干预六步法，危机干预可遵循下述六个步骤进行：

1. 明确问题

从求助者角度，确定和理解求助者本人所认识的问题，这一步特别需要使用倾听技术。

2. 保证求助者安全

在危机干预过程中，危机干预者要将保证求助者安全作为首要目标，把求助者对自我和他人的生理、心理危险性降到最低。

3. 给予支持

强调与求助者的沟通和交流，使求助者了解危机干预者是完全可以信任，是能够给予其关心帮助的人。

4. 提出并验证变通的应对方式

危机干预者要让求助者认识到有许多变通的应对方式可供选择，其中有些选择比别的选择更合适。

5. 制订计划

危机干预者要与求助者共同制订行动步骤来矫正求助者情绪的失衡状态。

6. 得到承诺

让求助者复述所制订的计划，并从求助者那里得到会明确按照计划行事的保证。

（七）心理危机干预技术

1. 一般支持性技术

在危机事件早期，个体处于警觉、高度唤起状态，其情感张力大，情绪反应激烈，因此在早期提供心理支持极为重要。

（1）建立良好的关系。建立良好的关系，要求心理危机干预工作者在工作中能够遵循以下三个原则：

1）同感，又称作"移情""共情""同理心"。其要领有以下五点：第一，转换角度，设身处地地使自己"变成"求助者，"用求助者的眼睛看世界"；第二，投入地倾听求助者，不仅要注意求助者的言语信息，更要注意非言语线索（如声调、表情、姿势等）所透露的情感信息；第三，回到自己的世界里来，把从求助者那里知觉和体会到的东西进行识别、分辨和理解；第四，准确地以言语或者非言语方式把感受表达出来；第五，在反应的同时留意求助者的反馈性反应，求助者的反馈是纠正错误的重要信息。

2）接纳和尊重。接纳也称为积极关注或者无条件关注，心理危机干预工作者应该深信求助者身上潜在的积极力量，他们将克服缺陷，走向成长。接纳的技巧有六字，即微笑、点头、专注。微笑常常能结束人际关系中的胶着状态；点头表示信任和鼓励，并乐于表露自己的思想，无形中拉近距离；专注，善于用目光参与倾听，坐姿要注意身体稍向前倾。尊重的表达要点包括：对求助者保持非评价、非批判态度；不把自己的价值观、行为准则强加于人；不能以支配、权威的态度对待求助者；创造一种温暖的氛围。

3）真诚一致。真诚的传递技术：第一，自我表露，即自愿、适度地将自己的真实感受、经历、观念等与求助者分享，自我表露有两种形式，即表明自己当时对求助者言行的体验，告诉求助者自己过去与他有相似的经历；第二，言行协调技术，指调动和运用非言语技术来传递真诚，经常留意和控制自己下意识的动作和习惯。

（2）非指导地倾听。心理危机干预中，危机事件中的个体参与整个治疗过程，更多的是需要述说自己的故事和情感，而不是来寻求解决问题的灵丹妙药，更多的时候，求助者在叙述过程中厘清了思路，往往会最终寻找到最适合自己的解决问题的方法。倾听并不是简单地听，它是全身心投入，专注地听。心理危机干预工作者对求助者的谈话不仅仅是听听而已，还要借助各种技巧，真正听出对方所讲的事实，所体验的情感，所持有的态度。倾听的习惯和态度比倾听的技巧和技术更重要。因为在现实生活中，有很多人愿意说不愿意听，习惯于说不习惯听。倾听时的注意事项如下：

1）充分运用开放式问题。在倾听时，通常使用"什么""怎样""为什么"等词语发问，让求助者对有关问题、事件做出较为详尽的反应，这就是开放性提问，这样的提问会引出当事人对某些问题、思想、情感等的详细说明。

2）恰当运用封闭性问题。这类提问的特征是以"是不是""对不对""有没有""行不行""要不要"等词语发问，让求助者对有关问题作"是"或者"否"的简短回答，使用这种封闭性的提问，可以收集信息，澄清事实真相，验证结论与推测，缩小讨论范围，适当中止叙述等。回答这些问题，只需一两个词、字或者一个简单的姿势如点头或者摇头等，简洁、明确。但过多使用封闭式提问，会使求助者处于被动的地位，压抑其自我表达的愿望与积极性，产生沉默和压抑感及被审讯的感觉。因此，采用封闭性提问要适度，并和开放性提问结合起来。

3）善于运用鼓励和重复语句。直接重复或者仅用某些词语如"嗯""讲下去""还有吗"等，来强化求助者叙述的内容，并鼓励其进一步讲述。重复求助者叙述中的某些话语或者内容，是鼓励对方的一种主要方法。鼓励与重复除了促进会谈继续外，另一个重要作用就是引导求助者的谈话朝着一定方向深化。表面上看起来，这是一种很简单的技巧，然而正是这一简单的技巧，得以进入当事人的内心世界，展现出对求助者的关注和理解。

4）准确运用说明。说明又叫释义，就是心理危机干预工作者把求助者谈话内容及思想加以综合整理后，用自己的语言反馈给求助者。说明最好是引用求助者谈话中最有代表性、最敏感、最重要的词语。说明使得求助者有机会再次剖析自己的困扰，重新组合那些零散的事件和关系，深化谈话的内容，更清晰准确地做出决定。同时，也有助于心理危机干预工作者确认一些关键的信息与线索，为谈话的深入打下坚实基础。

5）有效运用情感反应。情感反应与说明十分接近，区别在于说明是对求助者谈话内容的反馈，而情感反应则是对求助者情绪情感的反馈。也就是心理危机干预工作者把求助者的情感反应进行综合整理后，再反馈给求助者，如"你对此感到伤心""这事让你很不愉快"等。情感反应的最有效方式是针对求助者现时的而不是过去的情感，如"你现在很痛苦""你此时的心情比较好"。另外，在运用这一技术时，要及时准确地捕捉求助者瞬间的情感体验，并及时进行反应，使求助者深切体验到被人理解的感觉，这时辅导就可能朝着更深入的境界迈进。

6）避免倾听时容易犯的错误。初学心理辅导的人不愿意倾听，不重视倾听，喜欢自己不停地说，这是惯常的错误。除此之外易犯的错误还有：急于下结论；轻视求助者的问题，不认真听；干扰、转移、中断求助者的话题，对求助者话题作道德或者是非的评判；不适当地运用参与技巧，如询问过多、概述过多等。

（3）充分的情感支持。心理危机干预中，需要对当事人进行充分的情感支持，这有利于其情绪的充分表达，也有利于心理危机干预工作者对其心理状况的准确把握。在之前的建立关系中，已经强调过共情的重要性，这里仍需强调关于共情的几点注意事项。共情包括三方面内容：一是站在求助者的立场充分理解求助者的感受和那些感受的意义；二是要将这种理解准确传达给对方；三是促使求助者对自己的感受和问题有更深层的思考和认识。例如，一个求助者说："我常常觉得活着太没意思了。"同理的反应应当是，"那一定叫人很烦恼。你知道是什么使你产生这种感觉的吗？"相反，如果你回答说"呦，小小年纪就说活着没意思，长大了怎么办？"甚至说"你懂得什么叫人生吗？"这种不恰当的共情反应很可能会造成辅导关系的中断。对求助者的共情主要体现在危机干预工作者的言语反馈上，这要求我们不仅要能反映求助者说话的内容，还要能反应求助者言语中所隐含的情感和内心的矛盾冲突。共情可分为五个水平：第一级，没有理解，也缺乏指导，仅仅是否认、安慰或者建议；第二级，没有理解，有些指导，只关注问题的本身，没有情感的支持；第三级，只有理解和情感上的反应，但是没有指导；第四级，既有理解，也有指导，能指出对方在应对方式上的不足；第五级，既有理解也有指导，更有具体的、可行的、有针对性的行动措施。五个共情水平中，第三级是心理危机干预中能接受的最低级别的水平，而第五级共情代表着最好的共情反应技术。

2. 危机的积极干预技术

积极干预技术亦称解决问题的技术。危机干预技术是以求助者的认知为前提，主要目标包括：疏泄被压抑的情感；认识和理解危机发展的过程与诱因的关系；学习问题的解决技巧和应对方式；帮助求助者建立新的社交方式，尤其是人际交往关系，帮助他们积极面对现实和注意社会支持系统的作用。围绕目标，在危机干预过程中可以使用不同的心理治疗方法。常用的心理干预治疗技术如下：

（1）处理躯体和情绪不适的技术，包括放松训练、静坐冥想、系统脱敏、漫灌冲击技术、延时想象和视觉暴露治疗、眼动脱敏和再加工、安全岛技术、保险箱技术、遥控器技术。

（2）重建自我认知的技术，包括认知行为疗法、认知重建法、应激免疫训练。

（3）接受与实现疗法。

（4）改变人及行为的应对方式技术，包括自信决断训练、合理情绪想象技术、家庭作业。

（5）表达性干预技术，包括绘画治疗、游戏治疗、沙盘疗法、音乐治疗、心理剧治疗、舞蹈治疗等。

对灾难应激精神障碍（如轻度意识模糊、木僵状态、大喊大叫）以及过于焦虑、抑郁等则需要通过药物治疗。应根据求助者的不同情况和危机干预工作者的特长，采取相应的治疗技术。这里着重介绍放松训练、安全岛技术和认知行为疗法。

（1）放松训练。放松训练主要包括呼吸放松、肌肉放松、想象放松。各种放松训练不是求助者自行随意的放松，应制订明确的程序，对于每一次训练和整个训练疗程均应当有明确的时间要求，按要求完成一定的程序和疗程，对所达到放松效果的验证是十分必要的，根据验证的结果可以作为逐步加深躯体和心理放松的深度指导。专业性的放松训练应当在专业人员的指导下，让求助者学习掌握放松技术的基本方法、要点，编制相对固定的程式。放松训练应当满足安静环境、光线柔和、衣着宽松、舒适体位等条件。放松训练的指导语通常包括："（熟悉练习步骤以后可以合上眼）用鼻深深地吸一口气，憋住气，然后用口慢慢地呼出气。呼……再吸一口气……憋住气。好，慢慢地呼出气……你现在感到很舒畅、很放松。现在请将双手平放在沙发扶手上，掌心向上，握拳，握紧，再紧……好，你体会这种感觉，你感觉到肌肉在紧张、坚硬。好，放松，完全放松，放松……注意双手微微发热、发酸的感觉，你感到双手变得酸软，沉重又很舒服。好，我们再来一次。握紧拳头，握紧，再紧。体会紧张的感觉。好，再放松，完全放松，体会双手放松后微微发热、发酸的感觉。现在请抬起两臂，向后弯曲，手掌向肩部摸去，使前臂和上臂的肌肉紧张。好，使劲，紧。很好，现在放松，你感到两臂的肌肉变得酸软无力，松弛舒服。好，再来一遍……"

（2）安全岛技术。这是一种用想象法改善自己情绪的技术。当压力造成负面情绪时，人们通常希望找到一个内心的世外桃源暂时躲避，"安全是人的第一愿望"，安全岛技术是一种尝试让求助者逐渐拥有掌控感的方法。所谓"安全岛"，就是以这个自己感觉最安全、最舒适的地方，这个地方可以在你内心深处，也可以是你曾经到过的地方（如家中的沙发、床，户外的丛林、沙滩、海岛等曾经让自己安心惬意的地方）。甚至可以是任何一个你能想象的地方。当一个人碰到灾难、突如其来的变故，或者情感挫折时，脑海里可以不断回想自己身处安全岛时的心情，想象自己并没在经历痛苦，而是身处在一个保护性的、充满爱意的、安全的地方，焦虑、惊慌、压抑等情绪可以得到一定程度的缓解。安全岛的指导语通常包括："现在，请你在内心世界里找一找，有没有一个安全的地方，在这里，你能够感受到绝对的安全和舒适。它应该在你的想象世界里，也许它就在你的附近，也可能它离你很远，无论它在这个世界或这个宇宙的什么地方……这个地方只有你一个人可以造访，你也可以随时离开。如果你想要的话，你可以带上一些你需要的东西陪着你，比如友善的、可爱的、可以为你提供帮助的……你可以给这个地方设置一个你所选择的界限，让你能够单独决定哪些有用的东西可以被带进来。但注意那是一些东西，而不是某些人。真实的人不能被带到这里来……别着急，慢慢考虑，找一找这么一个神奇、安全、惬意的地方……你可以肯定，肯定有这么一个地方，你只需要花一点时间，有一点耐心……请你仔细环顾你的安全岛，仔细看看岛上的一切，你的眼睛看到了什么？你看到的东西让你感到舒服吗？如果是，就留在这里，如果不是，就变换一下或者让它消失，直到你真的觉得很舒服为止……如果你在你的小岛上感到绝对的安全，就请你用自己的躯体设计一个特殊的姿势或者动作，用这个姿势或者动作，你可以随时回到这个安全岛来。请你带着这个姿势和动作，全身心地体会一下，在这个安全岛的感受多么美好……撤掉你的这个姿势或者动作，平静一下，慢慢地睁开眼睛，回到自己所在的房间，回到现实世界中"。在做这样的练习时，要花上一点时间才能找到自己的安全岛。直到这样的安全岛慢慢在自己内心清晰、明确起来。

（3）认知行为疗法。认知行为疗法是通过改变人的认知过程和在这一过程中所产生的观念来纠正求助者以适应不良的情绪或者行为。最具代表性的是20世纪60年代，美国心理学家艾利斯创立的理情行为疗法（REBT疗法）。理情行为疗法关于心理失调的原因和机制的看法集中体现在它的"ABC理论"中。A指诱发事件（activating events），B指对事件的看法、信念（beliefs），C指情绪和行为的后果（emotional and behavioral consequences）。通常，人们认为诱发性事件A直接引起了心理或者行为的反应结果C，也就是说，消极的心理体验或者不良行为是由事件本身造成的。但该理论认为消极的情绪、不良的行为并非由诱发事件A造成的，而是由于个体对事情的不正确的看法、评价B即不合理理念造成的。不合理理念又称为非理性观念，艾利斯认为是造成个体情绪、行为困扰的源头，具有绝对化要求、过分概括、糟糕至极的共同特征。绝对化要求是指个体常以自己的意愿为出发点，通常与"必须""应该"等这些词语相联系；过分概括是一种以偏概全的思维方式，以自己或者别人的典型特征来评价自身或者他人的整体价值；糟糕至极是对事物的结果异常可怕、糟糕或者是灾难性的预期。与其他一些疗法比较起来，理情行为治疗具有积极、直截了当、不转弯抹角的特点。它以问题为中心，而不以关系为中心。咨询师显得很"强"，像一个教师那样行动。大体说来，咨询过程包括以下一些活动：

1）治疗的开始阶段。明确REBT的结构，了解治疗要求。对于初次接受REBT治疗的来访者，咨询师首先是向他讲解REBT的基本原理，尤其是ABC理论。让他明白，在REBT看来，不是个人遭遇的事件（As），而是个人的非理性信念（Bs）造成了情绪和行为上的困扰，以及怎样通过认知改变来改善情绪和行为。同时要说服来访者相信，理情行为疗法是有效、有用的。这种讲解要适合来访者的接受能力，浅显易懂。此外，要交代REBT治疗要做些什么，来访者有些什么任务（如阅读、思考、练习等），让来访者有所准备。

2）检查非理性信念和自我挫败式思维。理情行为疗法把认知干预视为治疗的"生命"，因此，几乎从治疗一开始，在问题探索阶段，咨询师就以积极的、说服教导式的态度帮助来访者探查隐藏在情绪困扰后面的"自语"，借此来明确问题的所在。咨询师坚定地激励来访者去反省自己在遭遇刺激事件后，在感到焦虑、抑郁或者愤懑前对自己"说"了些什么。

3）与非理性信念辩论。与非理性信念辩论是REBT的核心。咨询师运用多种技术（主要是认知技术）帮助来访者向非理性信念和思维质疑问难，证明它们的不现实、不合理之处，认识它们的危害，进而产生放弃这些不合理信念的愿望和行动。

4）得出合理信念，学会理性思维。在识别并驳倒非理性信念的基础上，治疗者进一步诱导、帮助来访者找出对于刺激情境和事件的适宜的、理性的反应，找出理性的信念和实事求是的、指向问题解决的思维陈述，以此来替代非理性信念和自我挫败式思维。为了巩固理性信念，治疗者要向来访者反复教导、证明为什么理性信念是合情合理的，它与非理性信念有什么不同，为什么非理性信念导致情绪失调，而理性信念导致较积极、健康的结果。

5）迁移应用治疗的收获。REBT积极鼓励当事人把在治疗中所学到的客观、现实的态度，科学合理的思维方式，内化成个人的生活态度，并在以后的生活中坚持不懈地按REBT的教导来解决新的问题。

第五节　心理健康发展中心

心理健康发展中心是开展心理健康教育工作，促进学员学生成长成才的重要平台。心理健康发展中心坚持以培育乐观自信、善于沟通、人格完善、和谐发展的高水平学员学生为目标，坚持对学员学生高度负责、以人为本、科学指导、真诚服务、保守秘密的原则，面向全体学员学生进行心理健康教育和提供心理咨询服务，主要负责组织心理健康宣传教育、团体心理辅导、心理状况测评、心理咨询服务等工作，为全体学员学生的心理健康保驾护航。

一、心理阅读室（等候区）

心理阅读室（等候区）是心理图书资料的阅览区域和前来进行心理咨询的等候区。心理阅读室（等候区）集中放置了有关帮助和提高心理素质及个人成长发展方面的书籍，来访者可以自由选择自己所需要的资料进行阅读，从而得到帮助和启示。心理阅读室（等候区）另外配置了心理自助系统一套和壁挂电视一台，心理自助系统包含丰富的心理相关的资料，学员学生可以自由进行浏览阅读，电视机不定时播放有关心理健康的宣传短片。通过阅读，可以让学员学生深入了解心理咨询的本质，帮助学员学生了解自我、促进内在成长，懂得心理提升的价值。在等候的时候进行阅读，有助于帮助学员学生转变观念，从而消除学员学生的问诊耻感。

二、个体咨询室

个体咨询室主要承担一对一的个体咨询功能。室内配备音乐放松椅和身心反馈系统各一套，以及进行个体咨询所需茶几、沙发等器材。个体咨询室采用软硬适中的沙发，整体装修风格偏向暖色调，可以给来访者营造一种安静、温暖、平和的氛围，有助于提升来访者的舒适感、放松感，使他们能够在心理咨询师面前真实地表达自己，有利于咨询的开展。咨询师与来访者的座位成 L 形摆放，这样咨询师和来访者双方既能够互相捕捉到对方的目光，又不至于因为目光的直视导致来访者的紧张感，来访者能够在一种相对安全舒适的环境下真实地表露自己。音乐放松椅和身心反馈系统用于咨询初期，在来访者无法通过自身努力缓解焦虑、放松身体的情况下，使用音乐放松椅和身心反馈系统帮助来访者放松身体、缓解焦虑。

三、团体咨询室

团体心理咨询是团体情境下进行的一种心理咨询形式。团体咨询室作为开展团体心理咨询、集体活动、心理健康课、拓展训练的场所，配备了全面完善的团体心理辅导活动器材，以及空调、多媒体影像等有利于活动开展的设备。通过对面临着相似发展性问题（如人际关系、社交恐惧、考试焦虑等）的团体成员，在心理咨询师的引导下，运用多种团体活动器材，通过团体成员之间的互动，促使个体认识、觉察、体验、接纳自我，调整和改善人际关系和行为方式等，在心理咨询师和团体内其他成员的帮助下获得成长。

四、沙盘游戏室

沙盘游戏是根据荣格的分析心理学的心像和象征理论建立的一种心理治疗方法，是针对情感丰富的个体设计的行为表达性辅导技术。作为心理咨询师使用沙盘游戏疗法对来访者开展辅导、咨询的场所，配备了完整的沙盘游戏器材。室内环境布置安静柔和，来访者不易受到干扰，以便其能集中精力开展游戏。借助沙盘，以游戏的方式呈现来访者内心深处的心理内容，唤醒其无意识和躯体感觉，进而了解内心的真实状况，通过自我摆盘的非言语的沟通，在游戏过程中产生自我治愈的效果。

五、心理测评室

心理测评是利用专业的心理测评量表，通过科学、客观、标准的测量手段对人的特定特质进行测量、分析和评价。心理测评室配备了标准的测评设备，安装了专业的心理软件系统，拥有多种心理测评量表，主要进行团体心理测验。可以为学员学生提供关于心理健康状况、能力倾向、个性特征等多方面的测评内容，根据测评结果进行统计分析，建立心理档案。

六、心理办公室

心理办公室是心理咨询师的办公场所，并负责电话接待咨询和预约的学员学生。

七、心理督导室

心理专家可以利用心理督导室，观察心理咨询师的咨询过程，帮助咨询师提升专业能力，同时存放学员学生的心理档案和资料。

 **思考与练习**

1. 什么是心理学？
2. 心理状态是如何分类的？
3. 心理正常与否的标准是什么？
4. 心理健康的标准是什么？
5. 心理测试是如何分类的？
6. 心理排查的原则是什么？有哪些渠道？
7. 什么是心理危机干预？
8. 心理危机有哪些特征？是如何分类的？
9. 心理危机干预的目的是什么？
10. 心理健康发展中心的功能是什么？

第 四 章

安全事件处置

 导　读

近年来，校园安全事件频发，日益受到社会各界广泛重视，如何正确应对并且妥善处理各类校园安全事件成为做好学员学生安全工作的一项重要课题。本章从学员学生安全工作的实际情况出发，分别就违反国家法律法规、心理问题与疾病、意外事件等十二个方面，在总结多年来学员学生安全工作经验的基础上，通过典型案例剖析，详细阐述了学员学生面临的各类安全事件的应对策略和处理办法。

 内容提要

本章总结了多年来学员学生安全工作的经验，结合典型案例，从国家法律法规、心理问题与疾病、生理疾病、传染性疾病、意外伤害、消防、就餐、群体事件、舆情、民族关系、财产损失、大学生就业与职业十二个方面具体阐述了安全事件的处置方法。

学习目标

1. 牢固树立"安全第一"的工作理念，不断强化学工人员在安全事件处置过程中的责任担当意识。

2. 了解各类学员学生安全事件的范围界定，着力培养学工人员在安全事件处置过程中的预防预警能力。

3. 掌握各类学员学生安全事件的处置方法，努力提升学工人员在安全事件处置过程中的应急管理能力。

第一节 违反国家法律法规

一、案例描述

〔案例一〕

2018年第四期新员工培训期间,公司变电运维3班和变电运维4班在周日晚自习考勤时各发现一名西藏那曲公司男学员未出勤。班长在与两名学员联系时,发现手机关机,微信不回,无法与之取得联系,至此该两名学员处于失联状态。班长随机将失联情况汇报学工人员,学工人员随即向学工处汇报。与此同时,已从那曲公司参培学员领队处获悉送电工程1班另一名那曲公司男学员也处于失联状态。学工处随即向那曲公司通报了此三名男学员的失联情况,并迅速开展找人工作。截至当晚9时许,从三名男学员填写的"周末离院请假单"和其他了解情况的学员处获知,那曲公司另外两名女学员和失联男学员一行五人,于周六上午乘坐高铁去青岛游玩并入住同一酒店。周日两名女学员返回学院,据这两名女学员反映失联三名男学员周六晚未返回酒店住宿,其中一名男学员周六晚八点四十分在其朋友圈发布一条动态,当时三人正在青岛某酒吧内饮酒。学工人员当即联系失联学员入住酒店,酒店人员称这三人周六晚确实未返回酒店入住,行李也无人收拾。接着,学工人员找到酒吧附近若干家派出所的联系方式,一一打电话询问,未果。次日,继续扩大询问范围,在询问至第5家派出所时,该派出所一民警指出,可以用此三人身份证号码去当地派出所联网查询。随后,学工处联合安保处,在十六里河派出所查出此三人已于上周六晚被青岛某派出所拘留。其中一名学员被拘留三天,另两名被拘留十天。被拘留三天学员返回学院后,继续参加培训。被拘留十天的学员,未能继续参加培训。

〔案例二〕

2001年9月,周瑞(化名)在刚入学的第一个月,就偷拿走了同公寓一位同学放在公寓内的太平洋卡,取出了1800元钱。事后,周瑞主动承认了错误,退还了1800元钱。考虑到周瑞家庭贫困的现实情况,而且他的认错态度也较好,学校把原来立即开除学籍的处分改为留校察看一年。2003年五六月份,辽宁省某大学几个教室里,连续发生了多起盗窃案。随着几位同学的现金、手机、随身听、CD机的相继"失踪",原本充满琅琅读书声的教室渐渐被一种不安和猜疑所笼罩。6月5日,几名学生走进空荡荡的教室中时,发现有人竟然正试图把手伸进别人的书包,企图盗窃,这个人就是21岁的大学生周瑞。经调查,周瑞一个月间先后盗窃同学随身听、钱物6起,总价值6000余元。2003年6月19日,当同学们正在进行紧张的期末复习时,周瑞被公安机关以盗窃罪拘捕。在法庭上,周瑞交代作案动机时说,自己第二次向同学伸手的原因跟第一次一样,因为家庭窘迫,没钱生活,所以一时冲动,把手伸向了同学。他拿走同学的手机和随身听等物品,只是希望卖点儿钱,做自己的生活费。然而,良心的谴责一直让周瑞无法卖掉同学的东西。周瑞也想过用各种办法去挣钱,但是都没有结果。他说,自己的内心经历了无数次煎熬与斗争,明明知道自己做错了,可又没有勇气承认,直到被当场抓获。

〔案例三〕

2004年寒假期间,马加爵因为打工没有回家,留在学校住宿。邵瑞杰和唐学李提早回到了学校。案发前几天，马加爵和邵瑞杰等几个同学打牌时，因邵瑞杰怀疑马加爵出牌作弊两人发生争执。马认为他的这番话伤害了自己的自尊心，转而动了杀机。马加爵利用电脑在互联网上查阅资料，确定用杀人后流血相对较少的铁锤作为他的作案工具。马加爵到一个旧货市场买了一把石工锤，并请店主把锤子的木柄锯短。还买了日后用于捆扎尸体的黑色塑料袋、胶带纸，又制作了假身份证以备逃跑时使用。2月13日晚，马加爵趁唐学李不备用石工锤砸向其头部，14日晚，邵瑞杰回到公寓，马加爵趁其洗脚时用石工锤把他砸死。15日中午，杨开红到317室找马加爵打牌，马趁机用同一办法将他杀死。当晚马加爵到龚博的公寓，跟龚博说317室打牌三缺一，将其引到317室后杀死。四人的尸体均被马加爵用黑色塑料袋扎住头部后放入衣柜锁住。杀死4人后，马加爵在2月17日带着现金和自己之前制作的假身份证乘坐火车离开。在火车站他的假身份证被警察查到，但由于其案情还未被发现，得以逃脱并乘坐到广州的火车离开。2004年2月23日中午13时18分，寒假刚返校不久的该公寓两名学生发觉异常，向学校报告后，校方向昆明市公安局报警。警方经过侦查后，认定317室即为作案现场，被害人均系钝器打击头部致颅脑损伤死亡，死亡时间一周左右，作案时间初步认定在2月13日至15日，作案工具即现场遗留的石工锤。同时，警方将嫌疑对象锁定云南大学本校学生、当时居住于该公寓的马加爵。2004年2月23日晚11时，云南省公安厅向全省公安机关发出A级通缉令，公安部于24日向全国发出A级通缉令。2004年3月15日下午7时20分许，警方在海南抓获马加爵。2004年3月17日凌晨，犯罪嫌疑人马加爵被押解回到昆明。

二、案例剖析

〔案例一〕

（1）学员心理防线不严，法治意识薄弱。

（2）学员对个人的情绪管控不到位，在遇到冲突时，不能通过理性的方式加以处理。

（3）教育引导不到位，学员没有意识到违反法律法规的严重后果。

（4）周末管理不严，学员初来乍到，对陌生环境充满好奇，同时学员又是有收入的群体，所以在周末期间容易放任自流。

〔案例二〕

（1）家庭因素。家庭作为组成社会的一个重要单元，对学生的成长和生活有着重要影响。家庭是孩子最原始接受教育的环境，家庭教育方式的好与坏，在很大程度上影响与决定着孩子的世界观、人生观、价值观。

（2）学生个体因素。从本案例的结果来看，违法学生的道德底线还是没有被突破的，因为他一直在受到良心的谴责，相较于这一点，更加印证了学校、家庭对该学生的教育缺失以及情感关怀。

（3）学校因素。当发现学生有违反法律法规行为时，学校需及时向家长通告学生情况，并安排进行密切关注，长期教育，防患于未然。该案例中主人公在首次发生盗窃事件后，校方本着"惩前毖后，治病救人"的原则，采取教育为主、宽容理解的方式，本是无可厚非，但对于个人"三观"已经形成的大学生，其错误的人生观、价值观需要学校、教师作出长期、深入的思想教育，需要家庭与学校配合引导其改正错误，形成健康、积极的价值观念、人生理念。

〔案例三〕

（1）家庭因素。本案例中主人公家庭是属于溺爱型家庭、打骂型家庭、放任型家庭、失和型家庭、冷漠型家庭等"问题家庭"，这种家庭环境的大学生较之正常家庭的孩子更容易犯罪，原因就是缺乏正确的教育方法和健康的教育方式。

（2）学校因素。一是学校忽视了思想品德教育，会使部分大学生形成不正常的道德观、人生观、理想观。二是对大学生的法治教育形式单一、内容枯燥、流于形式，会造成部分大学生的法治意识较低。三是对大学生的心理健康教育不到位，流于形式、人员不到位、资金不到位，也不能疏导大学生的心理障碍，化解心理疾患。四是校园文化建设要丰富多彩，生动有趣，才能对大学生产生吸引力，把大学生从一些不健康的活动中吸引过来。

（3）社会因素。社会价值对大学生的世界观、人生观、价值观的形成产生巨大的冲击，他们在学习和生活中自觉或者不自觉地奉行这些原则。但社会不良风气能由此诱发各种弄虚作假、争名夺利、损人利己的歪风邪气，滋长享乐主义、拜金主义和极端个人主义等错误的思想和行为，从而使大学生在迷茫中很容易陷入犯罪的泥潭。

三、对策

（一）学员对策

1. 加强学员法治意识培养

教育引导学员无论身处何地，都会受到法律法规的约束。法治意识淡薄造成的恶果比比皆是，必须在思想意识层面加强对法律法规的认识。

2. 加强学员心理辅导

通过辅导让学员树立正确的人际交往认知能力，在遇到冲突的时候，通过理智途径加以解决。

3. 加强周末、节假日期间学员安全管理工作

严格管控周末、节假日期间学员离院去向，让学员如实填写离院登记表，对于需要提前离开学院的学员，必须落实其原因、去向，必要情况下取得送培单位证明。

（二）学生对策

（1）营造和谐、温馨、民主的家庭氛围，让子女感受到来自家庭的温暖。

1）采用科学的教育方式。父母有义务有责任通过各种正当途径学习和了解如何正确地教育孩子，调节好家庭生活，处理好家庭关系，为孩子的成长营造一个积极健康、温馨和谐的环境，这是预防违法犯罪的关键因素。家长多主动与学校联系，家校共建，配合学校共同做好学生的教育工作。

2）对于单亲家庭、家庭贫困等特殊情况，除了尽量地呼吁社会各界爱心人士和企业伸出援助之手外，更多地需要依靠家长的引导和教育，使其能积极乐观地面对生活，树立正确的人生观和价值观，在家庭自身无法解决问题时，应当寻求法律或者外界的帮助，采用合法手段解决，避免给孩子产生不利的影响。

（2）构建立体全面、形式丰富的思政教育体系，完善管理梯队建设，强化学生正确的

"三观"养成。

1）开展道德教育，增强道德意识。道德是以舆论的形式存在和发挥作用的。培养大学生的道德意识、道德情感、道德行为，必须在社会活动和集体生活中进行。

2）开展法治教育，增强法治观念。大学生群体中存在着知法犯法的情况，这是多种因素导致的，但需要从根本上加强、加深大学生法治教育，让大学生更完善地了解法律，找准底线。因而，对大学生进行知识传授的同时，不能忽视法治教育，要培养他们的法治意识，养成学法守法的自觉性。

3）开展心理健康咨询与教育。加强学生心理素质的培养，经常性开展健康、积极、向上的心理锻炼，疏导心理障碍，化解心理疾患。

4）加强大学生挫折教育。部分学生是独生子女，而且社会阅历较浅，有着同时代青年的"失落感"和"优越感"，往往难以承受挫折的打击。所以，很有必要对大学生进行挫折教育，要使他们认识到人生的道路并不是一帆风顺的，要有从失败中重新站起来的勇气与力量，要用自信去迎接人生中的坎坷。

5）加强校园文化建设。校园文化作为从学校教育环境中生长起来的一种特殊文化现象，它是以校园精神为主要内容的特殊群体文化，具有教育、导向、感化、激励等方面的功能。

6）加强对特殊学生的关注。让其能够简单、方便地享受资助，得到基本的生活以及学习资料，安心完成学业。

7）做好校园治安综合治理工作。对违法犯罪活动要严厉打击，做到防患于未然。

（3）净化校园环境，教育大学生要自觉践行社会主义核心价值观。

1）加强法治宣传教育，提高大学生的法治意识。一方面，在学校中继续开展法律"进教材、进课堂、进头脑"工作，通过讲授法律基础课程普及法律知识。另一方面，在学生中开展法律知识竞赛、观看法治教育专题片、聆听法治专题报告、观摩法院公开审判等方式增强他们对法律知识的理解和运用。

2）注重人文关怀和心理疏导。一方面，让高校思想教育工作通过家访这种形式走出教室深入学生家庭，切实了解学生的真实生活状态，体会学生的真实情感，挖掘学生的内在精神，从而开展有针对性地教育引导。另一方面，发挥学校心理咨询机构的功能。心理咨询机构有针对性地开展学生心理普查、学生心理健康教育、学生心理咨询等活动，疏导心理障碍学生，让学生在阳光中健康成长。

（4）强化法治教育，教育学生懂得警觉人性中的恶。

1）立刻脱离刺激环境，以及绝不在情绪冲动时做决定。

2）努力学习，提高自身修养，提高自己为人处世的综合能力。

3）客观认识自己，认识自己的不足和长处，生活中尽量做到扬长避短，充分发挥自己的优势。

4）不要过于在意别人对自己的看法，走自己的路，让别人说去吧。

5）树立正确的人生观，人生是非常宝贵的，应该多想象人生中美好的事物，培养自己对人生的眷恋之情，对生命有敬畏感，珍惜宝贵的生命。

6）学会关心自己的同时还要学会关心他人，相信只要你付出了，你一定会得到别人的尊重。

　　7）培养自己的兴趣爱好，防止空虚心理的出现。

　　8）结交具有正能量，有责任心，三观契合的人做朋友，互相鼓励，共同进步。

第二节　心理问题与疾病

一、案例描述

〔案例一〕

　　2013年10月，公司2014年第一期新员工集中培训班某班学员张某主动来到学院心理咨询中心求助，表示其没有学习兴趣、睡眠质量差，有自杀念头。心理咨询中心工作人员杨某对其进行了心理评估和辅导，初步评估为抑郁症表现，建议其前往专业心理卫生机构就诊，张某表示考虑一下。12月5日下午，经本人同意，杨某陪同张某前往山东省精神卫生中心就诊，诊断为重度抑郁症，本人开取了抗抑郁药物，按医嘱服用。其间，杨某对张某进行心理辅导，保持联络。12月6日17：50，杨某接到张某电话，自述"坚持不住了，已站在某楼顶"。杨某立即一边通过电话稳住其情绪，一边立即赶往该楼，同时通知张某所在培训部学管处，并向领导汇报。18：02，杨某赶到学院南区培训师公寓8号楼6楼，张某已站在窗户上，自述"实在受不了了"。杨某对其进行开导劝说，18：20，张某下来。此时，学工部负责人、张某所在培训部学管处长也赶到现场，共同进行了安抚。待张某情绪稳定后，将其安排在学院南山公寓一楼房间，学管处长、学工人员等人陪同。学工部负责人、张某所在培训部负责人、学工人员立刻召开现场紧急会议，认真分析了该学员的情况，认为该学员患严重抑郁症，已不适合继续学习，应当终止培训，返回送培单位所在地接受治疗。20：00，学院与该学员所在网省公司人资部取得联系，要求立即派人来学院商议。12月7日19：30左右，该学员所在地市公司人资部一行四人到达学院。学工部负责人向该公司人员详细介绍了该学员的情况，地市公司代表经与张某学工人员、同公寓学员、所在班级部分学员交谈，没有发现由于同学关系、学习压力或者其他学院管理方面造成的诱发因素。12月10日，该学员所在网省公司人资部有关人员抵达学院，经与学院学工人员沟通之后，双方达成一致，决定终止该学员的培训，并将其送回送培单位所在地接受治疗。经报公司审批通过，准许该学员提前结业，并在其所在网省公司人资部有关人员的监护和陪同下离院。

〔案例二〕

　　秦某，女，19岁，父母离异。该生于4月25日请假回家，学工人员与其父亲核实情况后于当日离校。4月26日其父亲联系学工人员为其续假至五一假期后，带其去医院复查。4月27日其父母告知学工人员，怀疑学生患抑郁症，曾带其就医。4月28日晚，学工人员接该生母亲的电话，询问该生有无返校。学工人员立即咨询同公寓学生，同学反映未见其人，随后学工人员到校园寻找。该生母亲也来到学校，反映该生表现异常，离家出走，并谈到下午与其父亲看望爷爷奶奶。学工人员随即联系其父亲，其父告知该生没有异常，并称立即与该生联系。之后回电，称联系不上，其父亲转发该生一则轻生短信给其母亲。其母看后万分着急，拨打了报警电话，并立即和学工人员到校园寻找。两人途径教学楼北侧，听到有人大声喊叫，随即跑上楼去，在该生班级 425 教室发现其坐在教室最西面窗台外侧，此时该生腿悬空，身体在窗外，一只手抓住窗户，情绪激动，不听劝阻，不让学工人员靠近。学工人员竭力劝阻，其母亲在楼下跪求该生别做傻事。此时，在楼下路过的张教师和孟同学，发现该情况，立即分头跑向门卫值班室和校区值班室，门卫值班队长拨打 110 和 120 电话。张教师到教师公寓找到校区值班教师。值班教师分别给相关上级领导打电话说明情况。110 民警赶到，与学工人员共同向该生展开交流。同时 119 到达，开展救援，打开探照灯照射，分散该生的注意力。该生在学工人员谈话干扰下，被民警乘机拉到教室内。此时该生因情绪失控、反应强烈，派出所民警令其家长、学工人员陪同，通过 120 送往医院救治。

〔**案例三**〕

张某某，男，单亲家庭，母亲去世。3 月 5 日开学后的第一天，学工人员发现张某某经常自言自语、头戴耳机大声唱歌，行为表现异常，立即向上级领导汇报，确定了高度关注、选派学生监控的方案。3 月 5 日晚，该生未按时回公寓打卡，学工人员询问原因，该生说在操场散步。3 月 6 日下午，该生未到教室，学工人员立即联系，自称送朋友到车站。3 月 6 日，该生晚自习未到教室，学工人员联系该生，说去洗澡了。3 月 8 日学工人员看到该生经常到其他教师办公室去给手机充电，并表现出言行不正常。学工人员与其交流，该生说失恋了，女朋友是在网上唱歌认识的，广东人，谈到家里情况比较复杂，不愿提及。上午课间，该生独自到教学楼二楼露台，并坐在露台边，其他学生将其拉回教室。学工人员立即与该生大爷联系，全面介绍了张某某的在校表现，该生大爷表示，在家期间也发现相似的现象，并表示家庭情况不好，其父给人家放羊、经常喝酒，父子交流不畅。于是学工人员要求其大爷给其父商议，到校协商处理该生相关问题，该生大爷答应到校。3 月 12 日下午，该生大爷和嫂子到校，把该生的日常表现、有跳楼迹象等所有异常情况进行了沟通。家长谈到该生寒假在家就经常自言自语，好玩手机。该生父亲好喝酒，一天喝四次。该生与其父亲发生过争吵，母亲是去年 3 月份去世的，可能也与这个打击有关。张某某的家长于 3 月 12 日下午，为张某某办理请假手续到当地医院治疗。在当地医院确诊张某某精神异常，入住了医院进行治疗。4 月 26 日，该生出院，家长反馈该生情况，认为尚不能到校继续学习。学校根据相关规定，按照程序，办理了退学手续。

二、案例剖析

〔**案例一**〕

1. 心理辅导

发现学员有心理困扰后，对其进行心理辅导和评估。在学员考虑是否前往专业机构诊断治疗前，按时对其进行心理辅导。

2. 及时转介

经评估发现学员可能患有心理问题后，经本人同意，及时将其转介专业心理卫生机构就诊，做到早发现、早诊治。

3. 快速反应

发现学员有自杀倾向后，第一时间开展救援行动，开导劝说并及时汇报上级，避免悲剧发生。

4. 严密监护

学员就诊返院后，学工人员与其保持电话、短信联络，对其进行监护、疏导，叮嘱其按时服药。成立监护小组，制定定时汇报制度和突发事件应急预案，24 小时重点监护，做到万无一失。房间特意安排在一楼，隔壁、对面房间均安排专人监护，南山公寓也做好各方面配合工作。陪伴人员注意言语行为，减少对学员的刺激，创造轻松愉快氛围。

5. 果断决策

突发事件发生之后，及时召开紧急会议，认真分析学员的情况，迅速拟定处理方案，与学员所在网省公司人资部取得联系，并要求他们迅速到学院商议处理事宜。

6. 妥善解决

送培单位人员到达学院之后，经沟通和商议，双方达成一致，经公司审批通过，准许学员提前结业，并在其网省公司人资部有关人员的监护和陪同下，将其送回送培单位所在地接受进一步治疗。

〔案例二〕

1. 父母关系不和谐导致学生心理异常

案例中，该生父母离异、家庭教育失当，造成学生心理出现问题，这是引发该事件的根本原因。

2. 学工人员要及时做好问题学生的情绪疏导工作

学工人员要选择合适的方式、时机，及时介入问题家庭学生的生活和思想，担当好家长和学生的"调解员"，用关心、爱心帮助学生，劝诫父母，充当好学生的"保护神"，及时阻止学生轻生、离家出走、擅自退学等事件的发生，努力减少因学生家庭原因而引发的重大突发事件。

3. 学校应当加强单亲家庭的关注度

构建"家校合作"的联合育人机制，详细掌握特殊家庭的实际情况，做到学生学习和生活的精准帮扶。

〔案例三〕

1. 该生患有严重的心理障碍

每个人都会产生冲动，这就需要有冲动控制或者冲动引导机制来克制个体冲动性动机和行为，一旦外部事物激发冲动的精神能量释放，那些存在潜伏轻生动机的学生将无法控制自己的行为，进而导致学生发生自杀情况。

2. 长期心理异常导致的生理性反应

该生寒假在家就经常自言自语，并沉迷于手机游戏，长期心理异常会随着年龄的增加，以及自我意识的增强，导致自己的精神压力逐渐增大。

3. 情感挫折加重其心理疾病

该生与网上认识的广东网友分手，失恋导致了病情的加重，且该生不愿提及相关事宜，说明该生并未克服情感困扰，这也是他连续出现行为异常的导火索。

4. 家庭情况复杂导致的人格缺陷

该生的母亲过世后，父亲长期酗酒，该生无法得到家庭的关爱。该生在这样的家庭环境中成长，无疑对他的心灵带来了巨大的打击。

三、对策

（一）学员对策

1. 加强心理危机类突发事件预防

（1）超前发现心理异常情况。在培训开始之前，积极和送培单位沟通，获取学员的基本信息，关注学员的心理健康状况，重点关注心理层面有异常的学员，以最快的速度发现问题。以班级、宿舍为单位对学员的学习生活情况进行了解，对心理行为表现异常的学员，第一时间掌握其具体情况。

（2）坚持常态性预防和针对性预防相结合。在广大学员中定期开展常态性的心理健康活动，将心理健康活动丰富化、系列化，通过心理健康讲座、心理知识竞赛等多种方式对全体学员进行心理健康教育。以班级为单位成立心理辅导小组，为广大学员提供各种心理健康知识讲座。对心理异常的学员有针对性地进行疏导，预防其向突发事件方向发展。对于心理状态没有好转且有可能进一步恶化的学员，则应当及时转介专业心理卫生机构就诊。

2. 增强心理危机类突发事件的应对能力

（1）迅速响应。完善突发事件应急预案，出现短暂失踪（5 分钟为限）情况，监控小组成员一方面寻找学员，另一方面要第一时间向上级汇报。如学员出现异常行为举动、突发躁狂、人身伤害等情况，应当第一时间通知学工人员、安保人员及卫生所工作人员。通过召开紧急会议，对学员的状况作出初步的评估，并对下一步的措施作出部署。

（2）多方位监护。突发事件发生以后，各方要采取有效措施控制事件的发展。在事件发生后紧急召开会议，分析研究现状，布置工作，并向送培单位人资部反映情况，要求送培单位派人前来学院商议，同时由异常学员所在班级班长、学管会委员、舍友等组成监护小组，对异常学员实施 24 小时监护。

（二）学生对策

1. 发现心理问题及时上报

发现心理异常学生，任何人有义务在第一时间将有关情况报告给学生所在班级学工人员。学工人员应当在知悉有关情况后立即逐级上报并通知心理专业人员对学生进行分析。

2. 评估异常学生心理情况

评估结果为"可控"，即心理异常学生可以在学校继续学习、生活的，学工人员应当安排所在班级学生干部和同公寓学生密切关注其日常表现，并视其具体表现开展谈心谈话。心理专业人员应当根据班级报告或者心理异常学生个人要求开展心理辅导。评估结果为"不可控"，即心理异常学生不宜在学校继续学习、生活的，应当经请示相关部门后，通知家长来校办理休学或者退学事宜。

3. 有效处理学生心理突发事件

若心理异常学生发生自杀、自伤事件，知情人员应当立即拨打 110 或者 120 来进行迅速救治，同时将情况向保卫处和学工人员报告。学工人员获悉情况后，必须在第一时间赶到现场，组织人员将受伤学生送医院救治，并及时将有关情况报告上级领导，并按上级指示通知当事人家长或者其他亲属，协商后续处理工作。要安排人员及时保护、勘察、处理现场，防止事态扩散和对其他学生产生不良刺激，并做好家长或者其他亲属的接待与安抚工作。要及时对事件展开调查，必要时配合、协助公安等有关部门做好事件的调查或者侦破工作。对自杀未遂的当事人，在其病情和精神状况稳定后，按照学校有关规定办理请假、休学或者退学等相关手续，不得让当事人继续滞留学校，以免影响其心理康复或者再次发生意外。

4. 做好学生心理健康疏导和教育工作

对当事人周围的同学，尤其是同公寓的人员，应当采取积极有效的安抚措施，引导其他学生回避敏感话题，避免产生更大范围的急性心理危机。为有效预防学生出现心理方面的问题，学校应当重视对大学生的生命教育，包括安全教育、法治教育、心理教育等内容。很多大学生对于生命、心理方面的意识薄弱，因此学工人员要在日常思想政治教育工作中发挥作用，积极增进大学生心理健康，提高大学生的心理素质。定期召开主题班会，融入学生生活中去，深入了解学生的想法和困扰，为学生提供真诚有效的意见和建议。同时注意充分利用学生干部及同公寓同学这一有效资源，当学生思想动态出现异常时，第一时间向学工人员汇报，及时对思想动态异常的学生进行有效疏导。

第三节　生　理　疾　病

一、案例描述

〔案例一〕

2016年10月某日23点左右，公司学工人员接到班长电话，某班学员李某出现脸色发黄、浑身无力、唇部干涩发白等情况，需要紧急送往医院救治。学工人员接到电话后感觉情况比较严重，立即向学工处进行了汇报。在紧急送医途中，该学员处于半昏迷状态，到院后由陪同学员完成挂号等手续。在医院抢救过程中，该学员心跳变慢、体温降低等不良情况陆续出现。医生要求学工人员签署病危通知书，学工人员与医生交流后暂缓签字。经医生诊断，该学员病情为尿毒症突发，所幸为良性，否则后果很严重。学工人员了解情况后在第一时间与其家属取得了联系，尽量稳定家属情绪并要求家属尽快赶到医院。由于学员家属在外地，最快也需要第二天下午才能到达医院。该学员在医生的抢救下情况有所好转，学工人员和陪同学员在医院配合办理救治手续并陪同该学员至凌晨四点。第二天白天由另外两名学工人员来替班照顾该学员直至学员家属到达医院。学员家属对医生和学工人员表示了感谢。据了解该学员近期一直感觉身体不适、口渴、虚弱，需要不停喝水且饮水量很大，但由于他不想请假被考核扣分，刻意控制饮水量及频率，最终造成了现在的结果。

〔案例二〕

2011年11月12日凌晨两点，某高校2009级学生罗某在床上捂着下腹大声呻吟，时有在床上打滚的现象，严重影响了公寓学生的休息，公寓长立即打电话给学工人员，将罗某的详细情况如实告诉学工人员。学工人员通过多年的工作经验初步判断罗某病情可能比较严重，便马上打电话给当地人民医院，自己也迅速赶往罗某的公寓。在去罗某公寓途中，学工人员采取了以下措施：致电公寓值班室，将公寓大门打开，并先到罗某公寓维持秩序，防止围观学生起哄闹事，影响他人休息。给学生会主要干部打电话，要求协助宿管教师维持现场秩序，劝离围观学生。安排学生到校门口等候救护车，为救护车指引道路，争取抢救时间并清除校道及公寓楼道、门口的其他障碍物，确保各通道畅通。学工人员到达现场后，看到学生罗某躺在床上，脸色苍白，双手捂着下腹，不停地发出痛楚的呻吟声。学工人员从罗某描述得知，她昨天晚上 10 点便开始腹痛，以为自己生理期，所以没能及时就诊，学工人员便马上安抚罗某的情绪，迅速向主管学生工作的领导汇报情况，并给罗某家长打电话，将罗某的详细情况告知家长，家长承诺第二天会赶到医院。在家长到达之前，学校将医生所有的诊断或者医疗方式以电话方式告知他们，征求他们的同意。经过半个多小时的化验，医院确诊罗某为急性阑尾炎，而且情况比较严重，医生建议马上手术，不然将对患者不利。可这时学生家长不在，学校无权签字，但情况紧急。学工人员接通领导电话，说明情况并建议致电给家长，让家长授权代签这个方法是否合适，领导首肯了这个方法。随后给家长电话，告知医生要求做手术的决定，但必须有人签字，罗某父亲马上恳请学工人员代签，并表明一切后果自己承担。经过近 3 小时的手术，罗某手术非常成功。第二天下午，罗某家长到达医院，家长对学校的工作非常感动。事后学工人员对罗某进行了心理疏导，目前罗某已基本恢复健康并返校投入学习。

〔案例三〕

高某是某高校机电工程系机械设计与制造专业的一名大一新生，父亲是中学教师，家族没有癫痫病遗传史。高某在距离高考前一个月癫痫病第一次发作，但向学工人员隐瞒了既往病史，没有按要求填写 2016 级新生既往疾病申报表。中秋节在家的当天，病情第二次发作也没有向学工人员告知情况。2016 年 10 月 31 日晚上 10 时许，高某与大二师兄凌某参加完协会活动后，在途经公寓一楼时，癫痫病突然发作，全身抽搐、两眼通红、口吐白沫，情况非常危急。凌某赶紧通知一楼的宿管人员与高某的室友，并拨打 120 急救电话。在接到高某室友刘某的电话后，学工人员第一时间赶到现场迅速对事态进行适当的处理。经过校医的紧急诊治，高某的病情得到了控制。15 分钟后，救护车赶到了现场。学工人员与高某的室友刘某、张某护送他到医院做进一步的观察与治疗。途中，与面容疲倦的高某进行了简短的交流后，及时联系上他的父母并说明了病况。由于癫痫发作有多种原因，重点向高某的父母询问有无家族史、高某的出生及生长发育情况、有无脑外伤等病史，以帮助医生查明病情发作的原因。来到医院后，经过医生的专业询问与诊治，高某通过打点滴与卧床静养，于凌晨 2 点半顺利出院并平安回到公寓。第二天，高某的病情趋于稳定，并配合学工人员填写了既往疾病申报表，在学校进行了备案。高某向学工人员道歉，不该隐瞒病史，通过本次事件得到极大的教训。

二、案例剖析

〔案例一〕

1. 学工人员处理及时

李某感觉身体不适第一时间通知班长，班长大体了解情况后第一时间通知学工人员。

学工人员经分析后第一时间向学工处进行了汇报并立即前往公寓带学员前往医院救治。医院确诊李某病情后，学工人员立即向学员亲属打电话，将李某的详细情况告知亲属并稳定亲属情绪。由于亲属当天无法赶到医院，学工人员及陪同学员全程陪在李某身边并配合完成救治手续办理。

2. 分管领导反应迅速

学工人员将学员的病情以及亲属无法及时赶到医院和被要求签署病危通知书的情况上报，学院领导根据事实情况，以学员生命安全为前提，要求学工人员根据具体情况和医生建议及时采取相关应对措施。

3. 事后处理顺利妥当

由于学员经历抢救治疗后，身体脆弱，学工人员为其办理请假手续让其回家进行恢复治疗，并教育该学员应当把人身安全放在第一位。

〔案例二〕

1. 学工人员处理及时

罗某的公寓长发现罗某疼痛难忍时，保持镇定，并第一时间通知学工人员。学工人员第一时间内赶到事发现场，并且在途中及时拨打 120 电话，协调公寓管理部门以及安排学生为救援工作清理障碍，最大限度地节省时间，争分夺秒地将患病学生顺利送至医院救治。医院确诊罗某病症后，学工人员立即向家长打电话，将罗某的详细情况告知家长，由于家长当天无法赶到医院，学校将医生所有的诊断或者医疗方式以电话方式告知他们，征求他们的同意。手术需要家长签字的情况之下，学工人员通过电话与家长沟通解决方法。

2. 分管领导反应迅速

学工人员将学生的病情以及家长无法及时赶到医院为学生手术签字的情况上报给分管学生工作的领导，学校领导根据事实情况，以学生生命安全为前提，迅速做出反应与判断。学工人员征求领导的意见并得到批准后，方才与家长协商手术授权代签事宜。

3. 事后处理顺利妥当

由于学生经历手术治疗，心理会较为脆弱，在学生返校后学工人员便开展了心理疏导工作，帮助学生克服生理疾病恐惧，恢复健康。与此同时，罗某肚子不舒服是从 11 号晚上 10 时开始，但其以为是自己的例假，没必要上医院，就没有过多去理会，强忍了近四个小时，直接导致病情恶化，反映出学生对应对突发事件处理经验不足的问题，通过事后处理将有利于解决学生自我保护意识薄弱的问题。

〔案例三〕

1. 学工人员反应及时

第一时间很重要，时间往往关乎生命安全。因此，学工人员对于这类突发与紧急事务的处理，要做到第一时间赶到现场，根据现场情况做出最快、最合理的判断，以确保救治的及时性与准确性。该生是由于癫痫病突然发作所引发的，癫痫俗称"羊癫风"，是由于大脑神经元突发性异常放电，导致短暂的大脑功能障碍的一种慢性疾病，一旦病情发作可危及生命。所以针对此类疾病，要保持高度的警惕性。

2. 及时联系家长了解病情

本案例中，学生高某本身知道自己病史，却未向学工人员备案，发病后，学工人员与其做了简单的沟通，并与高某的父母取得联系，详细了解了高某的病情，为高某病情的判断与后续的治疗打下了基础。

3. 及时备案重点观察

高某病情稳定后，学工人员持续关注该事件，对高某的病情持续关注，并要求其填写了既往疾病申报表，在学校进行了备案，为后续工作的开展打下了坚实的基础。在高校，学工人员是与学生接触最多、关系最密切的教师，对于学生突发生理疾病事件的处理，直接处理人和负责人往往又是学工人员。因此，对于这类事件，学工人员能否处理得当，不仅关乎学生的生命安全，同时也事关能否承担起党和政府交给学校的立德树人责任。所以，对于高校突发与紧急事务，学工人员必须熟练掌握处理突发事件的基本步骤和程序，以尽最大努力及早化解危机，最大限度地保障学生的安全与健康。

三、对策

（1）加强学员学生生理疾病预防管理工作体系建设，全方位、全过程保障学员学生健康成长。

1）定期开展身体健康检查。其中，对新生入学体检环节要高度重视、严格把关，发现异常问题要及时跟踪监测、采取有效措施予以防治。

2）建立健全身体健康档案。对健康档案进行科学分析与整理，全面系统掌握学员学生成长发育和健康状况，有针对性地对学员学生身心健康进行服务与管理。

3）持续优化学员学生医疗工作。对医护工作人员的工作规程进行严格管理，适时组织医护工作人员进行业务能力进修或者培训，不断提升学员学生医疗卫生服务水平和质量。

4）认真落实应急预案制度。发现学员学生患有生理性疾病时，学工人员必须做到三个第一时间，即第一时间赶赴事发现场调查了解、指挥救援，第一时间向有关部门汇报事件情况、落实指示，第一时间向家长亲属告知学员学生病情、善后处理。

5）切实做好学院卫生工作。对学院教室、公寓、食堂等区域的卫生监督治理工作要形成常态化、长效化的运行机制，始终确保学员学生在校学习生活环境安全。

（2）构建完善的学员学生生理疾病宣传教育工作体系，全员参与、共同营造健康校园。

1）把生理卫生教育融入学员学生日常管理工作中。学工人员充分利用德育课堂、自习课堂，以学员学生喜闻乐见的方式普及相关知识，教育学员学生养成良好的生活作息规律和卫生习惯，引导学员学生树立自我健康保护意识和团结互助思想意识，提高学员学生对生理疾病发生时的施救、自救、互救能力。

2）"线上线下"相结合加强生理卫生宣传工作力度。通过主题班会、专题讲座、广播、宣传栏、班级文化墙、网络平台等途径相结合的方式，组织全体师生共同参与学习和互动，形成全员育人的联防机制，从而在学员学生发生生理疾病时最大限度地化解危机，保障学员学生的生命与健康。

3）"课堂内外"相结合形成浓郁的校园体育运动氛围。除了组织学员学生上好早操和常规的体育课，学工处要充分发挥学员学生自治组织主观能动性，在保障安全的情况下开设各类体育社团、组织各类体育活动，强健师生体魄，促进学员学生德智体美劳全面发展。

第四节 传染性疾病

一、案例描述

〔案例一〕

2019 年 5 月，时值春夏交际，学院济南校区学员中感冒人数较多。个别学员将这个情况通过电话报给了省疾控中心。疾控中心高度重视，安排专门人员到校区进行调查。调查中抽检数名发热学员，结果为春夏季较为常见的 BV 型感冒。与此同时，济南校区快速反应，全体学工人员深入班级将情况向全体学员做出全面翔实的解释。卫生所立即设置隔离病房，对发热人群进行隔离。同时，学院对教室、公寓、食堂等学员密集场所进行消毒，建立了班级发热情况日报告制度，成立了专项舆情监测小组时刻关注网络舆情。最终，在疾控中心的业务指导下，事件得到妥善处理，患病学员陆续好转，网上未爆发大规模舆情。

〔案例二〕

学生刘某，是某大学某专业大二学生，该生在校期间表现相当活跃，不仅作为班级的班长能够协助学工人员处理好班级事务，每年寒暑假更是积极参与社会实践，协助组织在校大学生前往长三角地区打工兼职。该生在 2016 年清明节前后因家中亲戚结婚，返回甘肃老家逗留几日，于清明节后返回学校，在回校当天夜里，该生开始感觉身体不适，并伴有严重的咳嗽症状，该生当时以为自己是太过劳累，患有感冒症状，同公寓其他同学以为该生在家期间因参加婚宴饮酒过多，导致身体有部分不适，不以为然，只劝其吃感冒药。经过几天的感冒治疗后，该生咳嗽的症状变得更加激烈，伴有轻微咳血症状，浑身疲惫无力。该生这时才向学工人员请假，并向学工人员描述了自己的症状，学工人员了解情况后，认为病情并不简单，要求学生佩戴口罩，并迅速带该生到校医院诊治，该生此时被查出疑似肺结核，学工人员立即将学生迅速转院至当地肺结核医院并确诊为肺结核。学工人员立即向学校领导汇报，并向学生家长告知学生病情，家长得知情况后，立即赶往医院，与主治医生做了有效的沟通，并按照学校规定配合学工人员为该生办理休学手续。在此期间，学校对教室、公寓、食堂等学生经常活动的场所进行了大面积的消毒，并组织与该生有过密切接触和一般接触的学生、教师进行肺部 X 射线检查和结核菌素试验，查找被传染者，并未发现学生、教师被传染。事件过后，学工人员对患病学生的室友、同学进行了心理疏导，帮助他们克服对肺结核的恐惧心理，至此，该事件得到了有效的控制和解决。

〔案例三〕

2017 年 12 月 7 日早上，某高校在校生叶某出现发烧、身上起痘的现象，该生以为自己是昨天打篮球穿得太少导致的风寒流感，所以就没有太在意，在公寓自行服用了退烧药，然而发烧却一直持续到了当天上午放学，同时发觉身上痘痘增加的趋势并且异常瘙痒，这时学生才意识到病情并非如此简单，便向学工人员寻求帮助。学工人员得知后立刻带学生去当地的医院检查，经过化验检查和诊断，该生为水痘症状。学生接受医院的治疗后，学生便出院返回学校，学工人员在此之前将此事已通知家长并上报学生管理负责人，经过多方商讨后，学生出院返校便立即安置在医务室进行了隔离、观察和后续的治疗。与此同时，学校对相关教室、公寓进行了全方位的消毒。学工人员对近期与该生有接触的学生进行了调查，并要求学生们去医院进行检查，尽早发现病情，防止病毒进一步蔓延。在检查的过程中发现叶某的室友任某，由于在叶某患病期间曾经对其护理、服务，经医院确定任某已被传染水痘，校医务室立即对其进行了隔离、观察、治疗，并对与任某接触的同学进行密切跟踪检查，确认无他人被传染。经过数日的治疗和观察，叶某与任某已恢复健康，并投入学习状态。由于本次水痘病情发现及时，并且最大限度地控制传染源，故未造成大面积传染现象的发生。

二、案例剖析

〔案例一〕

（1）加强与疾控部门的沟通交流，重视典型传染病常识学习。平时要加强与疾控部门的沟通交流，贯彻落实当地传染病防治的方针政策，加强常见传染病防治知识的学习力度。

（2）高度关注学员身体状况，如有异常及时上报疾控部门。要密切观察班内学员的身体状况，对发病苗头要有高度的敏感性，发现相对集中的病情要及时上报疾控部门。

（3）第一时间发声，高度关注网络舆情。第一时间向全体学员公布病情的具体情况，高度重视网络舆情监控。

〔案例二〕

（1）及时掌握病情并立即送诊。学工人员在第一时间掌握学生动态，在了解学生病情后，要求学生佩戴口罩，并立即带学生到医院检查。

（2）迅速反应防止病毒蔓延。学工人员对学生的症状做了初步的预测，在很大程度上做到了防止该病情的传播，也对学生病情的恶化做了较为有效的控制。

（3）及时告知家长协同处理。在该生确诊为肺结核病后，学工人员第一时间向学校领导汇报，并向家长告知病情，为后续工作的开展做了充分的准备。

（4）当即进行场所消毒并有效排查布控。学校对学生活动频繁的场所进行消毒，有效控制病毒的传播与蔓延，并对与该生有过接触的人员进行检查，如果发现被传染者，则需要立即隔离。

（5）心理疏导消除学生恐慌。对患病学生有过密切接触的室友、同学，学工人员对他们进行了心理疏导，让他们知道结核病并不可怕，及时发现病情并治疗、有效隔离是关键，在很大程度上能够避免病毒的传播。综上所述，作为高校学工人员，在遇到这种突发性疾病时，从容应对是关键。

〔案例三〕

（1）学工人员迅速反应并展开应急措施。根据经验，第一时间将患病学生的病症做出了初步判断，并迅速将学生送至医院检查。在确诊为水痘后，学工人员配合医院为学生办理请假住院治疗手续。

（2）及时通知家长并上报学校寻求帮助。学工人员在了解学生病症后需要立刻告知家长，由家长决定学生的治疗方案，同时向学生管理负责人汇报得到更多的支持，医院、学校、家庭多方合作对事件的解决有着重要的帮助作用。

（3）迅速隔离患病学生控制疾病传播。学工人员在学生确诊为水痘后，便与家长沟通将学生进行隔离治疗，从传染源遏制住病毒的扩散。

（4）及时消毒教室公寓并排查接触学生。学工人员对与患者接触的学生进行了沟通，并要求学生到指定医院检查，经确认该生的室友被感染水痘病毒，立即将其隔离，由于发现及时未造成大面积的病毒传播。本次水痘案例处理及时，有效地防止了传染性疾病在校园中的进一步扩散。

三、对策

（1）加强与疾病控制机构联动，建立常态疫情沟通交流机制。学院发生的传染病疫情，病原体多由校外输入。针对这一特性，如果能及时了解到社会人群传染病疫情的发生情况，事先采取相应措施，就可避免学院内传染病疫情的发生。了解疫情信息，应当根据学院实际情况，学院可与疾病控制机构经常取得联系，而疾病控制机构也有责任定期向教育部门通报当前的疫情情况，通报方式可采取网络发布的形式，以达到及时沟通。

（2）重视学员学生与食堂员工的健康监测工作，做好相关从业人员健康服务跟踪。新生入学时进行必要的健康检查，通过这一方式可以发现一些慢性传染病患者和病原携带者，如结核病、乙肝等。针对学员学生节假日返校后这一时期易输入传染病病原体的特点，在这期间学院应当经常了解返校学员学生的健康状况，及时发现可疑对象并采取相应措施。一旦发现校园外有传染病流行或者暴发时，学院应当高度警惕，加强监测，严防病原体的输入，如流感流行时，学院可采取晨检措施，及时发现传染源。加强对食堂从业人员的监测，除定期进行必要的健康体检外，学院应当经常性地了解他们的健康状况，发现可疑者进行及时隔离治疗。

（3）严格把关食堂原材料及饮用水质量，从源头杜绝健康安全隐患。学院食堂要严把进货关，杜绝霉变、污染食品原料进入学院。要做到这一点，必须对食品采购人员进行相关知识培训，使他们具有鉴别食品优劣的能力。同时，学院要对食堂食品原料进货这一环节进行经常性的监督检查。卫生部门要加强对学院周边餐饮业及副食品店的监督，彻底取缔无证经营者。对学院外输入的饮用水要加强管理，自来水尽可能地采用直接供应方式，防止二次污染；商品水要选择合格的产品，使用时保持清洁卫生；学院原则上应当杜绝直接引用河、池水作为学院内的生活用水，确有必要时，水质必须达到国家饮用水标准；同时要加强水源的保护，严防生物污染。

（4）建立公共场所卫生管理制度，保障公共健康。学院内教室、食堂、公寓等场所是学员学生聚集的地方，因此，必须确保这些场所清洁卫生。为此，在这些场所，要充分考虑到这方面的要求，如教室、公寓人均必须达到一定的空间，利于通风，厕所位置、粪便和生活污水处理与排放合理。食堂作业必须符合《食品卫生法》要求，内部布局功能齐全，设施完善。要建立制度，落实各项卫生措施，如教室、公寓经常开窗通风，保持室内空气流通；冬春季节室内空气用紫外线灯消毒；人经常接触的场所，用消毒液擦抹消毒；蚊蝇繁殖高峰时节，采取灭蚊蝇措施等。

（5）及时掌握学员学生健康状态，采取措施保护易感人群。平时学员学生要加强体育锻炼，增强体质。学院应当减轻学员学生作业负担，让他们有一定的时间去锻炼身体。针对既往免疫史不清者或者未种者，入学时可给予常规疫苗的补种。传染病流行季节，可根据学员学生的免疫状况，决定是否采取相关疫苗应急接种。

（6）卫生所合理制定疫情应急预案，快速落实各项防治措施。发生疫情后，卫生所及时上报疫情，完善晨检制度及传染病登记、报告制度，及时有效地采取综合防治措施。

第五节　意　外　伤　害

一、案例描述

〔案例一〕

2014年4月8日上午11时左右，公司2014年第一期新员工集中培训班某班学员姜某在东区2号宿舍楼3楼公共浴室洗澡期间，与学员吴某因误会发生肢体冲突，姜某出拳击中吴某脸部，造成吴某眼部流血。

〔案例二〕

2018年11月13日，某高校体育课上，体育教师张某组织学生进行立定跳远训练。张教师选择学校校园内的水泥场地作为训练场，先带领学生进行训练前准备运动，接着通过示范讲解讲清要领和注意事项，然后让学生分组进行立定跳远训练。在训练过程中，学生肖某不慎摔倒，张教师发现后马上将肖某扶起，在确定肖某无事的情况下，继续进行了课堂教学。第二天早上，体育教师得知肖某前一天体育课摔倒造成手腕骨折正在医院治疗的消息后，立即向分管领导进行了汇报，分管领导派张教师和负责肖某的学工人员到医院进行了慰问。事后，肖某的家长来校，要求学校赔偿所有医疗费，并要求学校签字承诺"十年内，肖某骨折处生长发育时造成的骨质增生，学校须承担一切后果"。其理由是：学校领导未亲自去医院慰问肖某；张教师教学时选择的教学场地和教学方法不正确，因此造成肖某摔倒后手腕骨折。学校领导对肖某意外伤害事件非常重视，由分管学校安全工作的副校长负责协商处理此事。首先，校方与肖某的家长进行沟通，了解家长对解决此事的真实意图；其次，校方查找《校园伤害事故处理办法》有关处理条款，并请教律师了解处理肖某伤害事故的处理办法；同时，请人民医院骨科主治医师进行医学鉴定。根据法律规定，学生意外伤害事件的责任，应当根据相关当事人的行为与损害后果之间的因果关系依法确定，张教师的教学行为符合教学常规，此次学生受伤不是张教师的教学所造成的，学校不应当承担责任。

〔案例三〕

2017年11月14日下午，某高校大专班与中专班学生自发组织篮球联谊比赛。比赛期间，同学们迅速进入状态，对抗十分激烈。在进攻防守阶段，中专学生李某的眉骨与大专学生王某耳根部相撞，导致李某眉骨处受伤出血。发生意外后，王某和另外两名同学立即带李某去学校医院，并通知负责李某的学工人员。医护人员迅速为李某处理了伤口，并对王某进行了检查，确诊王某并无大碍，但李某需立即转院治疗，便及时拨打了120急救电话。负责李某的学工人员迅速到达现场查看学生情况，并将情况上报学生工作处负责人，同时随救护车陪同该同学到达医院。在医院对李某进行了详细检查后，学工人员及时将检查报告汇报给学生工作处负责人，同时告知李某家长事情经过与诊治结果。医生对该同学眉骨伤口作了缝合处理，并告知李某需出院安静修养数日。从医院返回学校后，学工人员再次与学生家长联系，告知该生现在的情况并做好家长的安抚工作，同时建议家长将李某接回家调养一周。在李某回家休养期间，负责李某的学工人员与负责王某的学工人员对本次篮球赛发生的事故进行了调查，在场学生以及学生干部证实两人是因为头部相撞才发生意外，实属意外情况。事后，学工人员对两位同学进行了谈心谈话工作，化解双方矛盾，并对受伤较为严重的李某进行了心理疏导和重点关注。针对此次学生意外事件，学校加强了对学生活动期间的安全教育工作，有效预防此类事件的发生。

二、案例剖析

〔案例一〕

（1）学工人员得知事件发生之后，第一时间控制事态发展，以伤者人身安全为要，对其进行及时医治，妥善处理，避免了事态的进一步发展。

（2）本着实事求是的原则，学工人员对事件进行了调查处理。学工人员通过与当事人谈话交流，调查清楚事件的详细经过。在充分了解事件原委的基础上，对受伤学员进行安抚，并责成打人者道歉并赔偿伤者损失。

（3）本着严肃认真、公平公正的态度，学工人员组织双方会谈协商，双方最终对处理结果达成一致并签订协议。

（4）对于打人者，学院本着"惩前毖后"的原则，对其进行批评教育，使其深刻认识到自己的错误并积极主动采取补救措施，同时也警示其他学员要引以为戒，注意个人言行举止，提高自身修养。

〔案例二〕

（1）任课教师迅速反应及时上报。发生事故后，体育教师及时查看学生受伤情况。得知学生手臂骨折住院后，立刻向部门领导汇报。

（2）校方主动回应承担责任。发生学生意外伤害事件，学校及时救助受伤学生，并及时告知学生的监护人，采取紧急救援等方式救助。与此同时，学校主动派教师到医院慰问受伤学生肖某，家长提出赔偿要求和签订有关承诺协议时，学校派副校长与家长进行沟通，协商赔偿等事宜，得到了家长的理解。

（3）依据法律法规合理应对。校方根据《校园伤害事故处理办法》相关规定："学生伤害事故的责任，应当根据相关当事人的行为与损害后果之间的因果关系依法确定。"学生参加教育教学活动或者校外活动，教师对学生进行了相应的安全教育。张教师的教学行为符合教学常规，此次学生受伤不是张教师的教学所造成的，保护了教师的合法权益。

〔案例三〕

（1）及时发现并立即送诊。事件发生后，第一时间将受伤学生送往学校医院救治，将学生的人身安全放在第一位。学校医院接诊后及时处理。学校医院对受伤学生进行初步的诊断，将情况告知学工人员，并根据病症的严重性，拨打120急救电话，将受伤学生转送至医院治疗。

（2）迅速反应并及时处理。学工人员得知消息后立刻赶到现场，并将学生情况上报给学生工作处负责人寻求帮助。与此同时，学工人员跟随救护车陪同学生到医院治疗，第一时间将诊断结果向上级领导汇报，并及时告知家长。

（3）及时告知家长积极治疗。家长了解情况后，接受医院的治疗方案，根据学校的建议将学生接回家里休养。学生听从医生嘱咐，自觉安静修养，积极配合治疗。

（4）积极开展心理疏导。为避免两个学生之间产生矛盾，再次发生冲突，学工人员调查清楚事件经过，做好两个学生情绪的安抚工作，及时跟进学生的思想变化并与家长沟通联系。

（5）加强学生安全教育力度。学校对该事件进行了总结和思考，开展学生安全教育活动，最大限度地防范此类意外事件的发生。

三、对策

1. 迅速反应及时就医

当意外伤害事故发生后，学工人员要迅速反应，及时赶到事发现场，将受伤学员学生送往学院卫生所救治，对于情况紧急、受伤严重的学员学生，一定要在第一时间拨打120急救电话，争分夺秒地抢救学员学生生命。

2. 分析了解事故原因

对于学员学生在活动中摔倒受伤、户外活动中奔跑和其他学员学生相撞、手拿物品挥舞玩耍伤及同伴等情况，学工人员要深入了解事故的原因、过程以及家长的心态，以便更好地制定出解决问题的方案。

3. 把握与家长沟通的技巧

在告知学员学生家长的过程中，要运用法律知识，合理划分责任。同时，在向家长详细地介绍意外事故的过程和原因时，要营造宽松的调解环境，说话的语气、分寸的把握也非常重要。在表示同情的时候，语气要真诚动情。在讲解原因时，语气要理性自信，既让家长了解当时的真实情况，也要让家长理解自己孩子出现意外伤害的原因。

4. 加强学员学生安全教育

利用各种讲座、论坛、主题班会等多种方式对学员学生进行思想引导，提升学员学生自我保护意识。创设情景，开展在危机情况下学员学生自救的活动演练，培养学员学生自我保护的能力。

5. 加强学工人员的法治观念

作为学员学生管理者，要非常熟悉相关法律法规，提高法治意识，既要做好学员学生的工作的管理者，又要做好学员学生权益的守卫者。

6. 建立安全事故预案

发生学员学生意外伤害事件时，应当马上启动安全预案，向主管领导汇报，学院安保、学工部门等机构形成联动，及时处理突发事故，救助受伤害学员学生，处理善后工作。

第六节 消 防

一、案例描述

〔案例一〕

据《京华时报》报道，2016年7月14日早晨，某大学女生公寓起火。起火时，公寓内一名女生被困屋内，据该女生回忆，由于学校实行定时供电，有的学生为了方便，就把走廊照明灯的电源或者空调电源私自乱接。同时，学校由于建校时间比较长，电器线路多数已经发生老化，再加上女生平时喜欢用卷发棒、吹风机等大功率电器，加剧了电路的损伤。根据消防队员的调查，发现本次火灾很可能是公寓中的一个充电器引起的，经询问得知，该充电器已在插座上插了3天。

〔案例二〕

据《齐鲁晚报》报道，2016年8月17日凌晨1点30分左右，山东某大学13号公寓某留校学生在公寓内抽烟并在点燃了蚊香（据说放在鞋盒子里，且周边堆有杂乱的衣物等可燃物）后外出上网，因蚊香点燃了可燃物导致整个公寓全部烧毁，整个公寓楼300多人在浓烟中疏散、安全撤离，所幸没有人员受伤。此前14日，该大学2号公寓两名留校学生在走廊使用液体酒精炉吃火锅，在没有熄灭火焰的情况下添加酒精，发生火灾，两人烧伤，其中一人烧伤面积达40%。

二、案例剖析

〔案例一〕

1. 私拉乱扯电源电线

学生在公寓用电不方便，便私自拉扯了电线。这种私拉乱扯电源电线的现象，极其容易损伤线路的绝缘层，从而引起线路短路和触电事故，发生火灾。

2. 电线老化或者接触不良

学校公寓未及时重布新线路，导致线路老化的问题一直未能及时解决，加之个别工人在电气施工过程中未按规程操作或者使用铜铝接头处置，就会引发线路起火。

3. 使用电器不当

使用电器不当在高校发生火灾的现象比较普遍，如充电器长时间充电，加之衣被捂盖，散热不良，极其引起燃烧；使用劣质不合格电器也容易引发火灾；长时间使用电器而不检修，电线绝缘老化，漏电短路而起火。

4. 私自使用违规电器

学校公寓建筑物的供电线路、供电设备，都是根据实际使用情况进行设计的，如果超出负荷，电线就会发热，加速线路的老化，极易引起火灾的发生。尤其是在学生公寓内，如果使用大功率电器，如电炉、电饭锅、电吹风、热得快等，就会引发上述现象的发生。

〔案例二〕

1. 学生缺乏安全意识

大学生思想上忽视学校的防火安全制度，造成了火灾事故，危害了公共安全。

2. 违规点蚊香

有的学生公寓为了驱蚊，经常点蚊香，但点燃的蚊香温度高达700℃左右，比布匹、纸张的燃点高很多（布匹的燃点为200℃，纸张燃点为130℃），若点燃的蚊香靠近这类可燃物品，极易引起燃烧。蚊香工作时温度高，当同学们因疲劳入睡或者看管不当，便成了引发火灾的巨大安全隐患。

三、对策

1. 加强安全防火教育

学院人员集中，实验室多，防火重点部位多，因而很容易发生火灾。学院的防火安全直接关系到师生的生命和财产安全，不但会影响正常的教学、科研秩序，而且由于学院的特殊性，会造成重大的社会影响。新生到院报到后的第一节课应当是接受消防安全教育，普及基本消防常识和逃生措施。

2. 增强学院防火常识

（1）严格执行《中华人民共和国消防法》。按消防法规范自己的行为，从国家、集体利益出发，顾全大局，严防各类火灾事故发生。

（2）遵守学院消防规定。不要私自在公寓私拉乱扯电源电线，不准使用电炉子、电吹风、电热杯等电器设备。

（3）不要躺在床上吸烟，不要乱扔烟头，使用过的废纸及时清扫，以免引起火灾。室内严禁存放易燃易爆物品。

（4）台灯不要靠近枕边，不要在蚊帐内点蜡看书，室内照明灯要做到人走灯灭。

3. 提高学员学生火险逃生能力

（1）火势不大要当机立断，披上浸湿的衣服或者裹上湿毛毯、湿被褥勇敢地冲出去，但千万不要披塑料雨衣。

（2）在浓烟中避难逃生，要尽量放低身体，并用湿毛巾捂住嘴鼻。

（3）不要盲目跳楼，可用绳子或者把床单撕成条状连起来，紧拴在门窗框和重物上，顺势滑下。

（4）当被大火围困又没有其他办法可自救时，可用手电筒、醒目物品不停地发出呼救信号，以便消防队及时发现，组织营救。

4. 加大消防意识的提升

一旦发生火灾，一般应当按照下列程序处理：发生火情应当立即采取应急措施，切断与火灾相关的电源、气源、火源，搬迁易燃易爆物品等，使用附近的灭火器或者消防栓进行灭火。如果火势无法扑灭，立即拨打"119"火警电话。学院防火领导小组根据实际情况判断是否立即启动消防灭火应急预案。

（1）按照平时消防演练逃生的线路迅速疏散学员学生，同时由受过训练的教职工进行三分钟火灾紧急扑救。如果在三分钟内不能扑灭明火，则迅速撤离。

（2）如有伤者要及时送往医院救治，并及时通知家长或者家属。

（3）在等待消防车到来期间，可组织学院消防队在保证安全的前提下进行扑救。

（4）灭火后配合学院相关部门进行相应的调查工作。

（5）配合消防部门调查事故，追究责任，维护学院的利益，并协助处理善后事宜。

第七节 就 餐

一、案例描述

〔案例一〕

2017 年 6 月某日夜间，公司 2019 年第一期新员工集中培训班数名学员突然出现腹痛、呕吐等症状，随后这些学员和学工人员联系，学工人员了解情况后批准这些学员前往医院进行救治。学工人员随即把此情况向有关领导做了汇报，并提示学员天气炎热请勿到卫生环境差的小餐馆就餐。有学员拨打 12345 市长热线电话反映学院东门门口的某烧烤店所用食材有食品安全问题。随后市长热线把情况反映给市中区食品药品监督局，由该局负责调查处理，学院负责配合完成食物中毒学员情况统计及学院食堂食品安全检测等工作。学院立即成立了由学工、医务、食堂、公寓、后勤负责人组成的应急领导小组配合完成调查统计及学员安抚、舆论监控工作。经初步调查，这起事件是一起食物中毒事件，出现该症状的学员大部分都曾于当天在该烧烤店食用过烤肉等食物，其他学员也有食用院外食物的情况。据统计，到医院治疗的学员有 10 余人，还有 30 余名学员情况较轻，最终相关方面认定的中毒人数为 46 人。经过食药部门的初步检验，已经排除了化学物质中毒的可能性，此次食物中毒的罪魁祸首为细菌中毒。因夏季正是细菌滋生高发期，导致食物受到变质污染。

〔案例二〕

2018 年 12 月 8 日晚 21：00，李某饮酒过多，醉倒在校门口处，学工人员接到通知后遂迅速赶往校门口。学工人员赶到后，发现学生李某坐在小花坛处，意识不清醒，无法行动，有很重的酒气，同时有两名同学搀扶。学工人员根据经验判断该生醉酒程度，通过仔细询问，得知喝了约三杯白酒和少量啤酒，鉴于该生已经呕吐过，加之饮酒量不大，所以初步断定该生目前的问题不大。大约半个小时的观察后，学工人员让学生将该生搀扶进公寓，但到公寓楼梯处时又发生呕吐。到公寓后，该生想要睡觉，为保证安全，学工人员安排室友为其打地铺。然而该生在睡觉过程中发生多次呕吐，且呕吐物中含有部分红色物质。学工人员感觉事态比较严重，立即联系校医务室前来诊治，并借取担架，将该生抬至楼下。其间，学工人员电话联系 120 急救中心，同时联系门卫协助清除障碍，引领救护车到达该生公寓楼。学工人员带着两名学生一同前去当地医院，对该生进行了检查化验，医生初步诊断为醉酒，但呕吐物并非该生胃出血，而是聚餐时所吃毛血旺等动物血。化验结果显示该生并无大碍，便为其开出解酒、养胃、葡萄糖等药物。经过一夜的观察，12 月 9 日 6：30 医生反馈该生痊愈，意识清醒无大碍，可以回校。学生返校后，学工人员对其进行了谈心谈话，并按照学生管理违纪处分相关规定对该学生进行严肃处理，同时召开班会对其他学生起到警示作用。该生接受学校的批评教育，并保证以后此类事件不再发生。

〔案例三〕

某高校在 2016 年 10 月 11 日午餐后，陆续有 20 人出现肠胃不适症状，并相继到学校医院就诊治疗。多名学工人员接到学校医院的通知后，纷纷反映所负责的班级有学生出现头晕、呕吐、腹泻并伴有发热、头痛等症状，疑似食物中毒现象。学工人员立即向学生管理负责人汇报，学校立即组织相关学工人员成立临时帮扶团队，并配合学校医院在第一时间将患病学生送至医院进行检查，经检查确诊为食物中毒。在与医生确认学生病症后，学生管理负责人在第一时间了解事件相关情况，并向分管领导报告，根据群体突发事件应急预案流程，成立学工、医务、食堂、公寓、后勤负责人组成的应急领导小组，5分钟内迅速启动应急预案，各部门明确分工、紧密配合，各司其职，进行人力资源及物资的调配。应急小组对学生所食食物进行全方位的调查，找出食物中毒的原因，并落实相关责任。经过仔细的调查，发现学生食物中毒是由于食用外卖所致，未在学校食堂发现问题食材和食物。中毒学生被送入急诊室后，由预检分诊护士根据病情轻重，将学生送入相应抢救区，对于中毒程度较重的学生，学工人员立即通知家长，并陈述学生的真实病情和治疗方案，经家长同意后方可进行洗胃、催吐、导泻、补液等救治工作。经医院护理应急救援与医院各部门的紧密配合抢救，至21点，15例轻症患者恢复出院，其余5例患者也均在24小时内康复出院。经过追踪及随访，所有学生未出现并发症，且未造成心理创伤。事后，学工人员对相关学生进行了批评教育，并指出订外卖的危害之处，学生们意识到错误并决心改正。与此同时，学校和医院将情况上报给食品安全管理部门，进行下一步的调查处理。

二、案例剖析

〔案例一〕

1. 学工人员及时反应

根据患病学员出现恶心、反复呕吐、腹痛、发热、腹泻等症状，学工人员迅速做出反应，联系卫生所进行初步判断为食物中毒，让学员陪同前去就近医院救治。由于事件涉及多个班级的学员，所有涉及班级的学工人员立即成立团队，共同应对事件。事发后，部分学员情绪激动、借机夸大、扭曲事实，造成一定的不良舆论。学工人员发现此情况后第一时间向上级汇报，并发布一份官方声明以平复学员情绪。

2. 多方合作开展应急工作

学工部门与学院其他部门协作配合，开展应急处理工作，对学院食堂进行全面的检查，调查学院食物食材，配合食药局完成相应的统计调查工作，彻底排除院内食品安全问题。

3. 事后总结加强学员就餐教育

学员经过治疗恢复健康后，学工人员对相关学员进行了批评教育，并对此次事件进行事后总结，警示学员尽量在院内就餐，不要到卫生条件较差的小餐馆就餐。

〔案例二〕

1. 学生对酒精的危害认识不够

酒精可能损伤身体的各种器官，甚至生命。大学生大多年轻气盛，较为冲动，抵制酒精的能力较差，极易发生过度饮酒或者酒精中毒现象。

2. 学工人员及时到达现场全程陪护

学工人员在得知事件之后，第一时间赶到事发现场，做到了全程陪伴、看护，以便及时处理突发事件，合理控制事态发展。

3. 以醉酒者人身安全为要

学工人员察觉学生情况严重时，立即拨打120并送其去医院医治，协调学生配合完成患者转移工作，妥善处理，防止错过最佳救治时间，避免了事态的进一步发展。

4. 做好学生的批评教育工作

本着严肃认真、公平公正的态度，按照校规校纪严肃处理相关学生。召开主题班会，以起到警示其他学生的作用。

5. 将事情的经过及时告知家长

学工人员将整个事件的经过和学生的行为表现告知家长，与家长沟通处理有关事宜，同时明确地告知家长，学生违反了学校的校规校纪，必须受到相应的纪律处分，以示惩戒。

〔案例三〕

1. 学校医院接诊后及时反应

由于食物中毒病人发病急、潜伏期短、病程短、发病时间集中，所以能够较容易地得出初步诊断。患病学生出现恶心、反复呕吐、腹痛、发热、腹泻等症状，根据学生的情况，学校医院做出迅速反应，联系120救护车，将学生转移至就近医院。

2. 学工人员得知学生病情后迅速处理

由于事件涉及多个班级的学生，所以涉及班级的学工人员成立团队，共同应对事件，及时上报学生管理负责人寻求帮助。

3. 多方合作开展应急工作

学生管理部门与学校其他部门协调合作，开展应急处理工作，对学生食堂进行全面的检查，调查学生所食用食物，切实查找中毒食物源头。

4. 事后总结加强学生就餐教育

学生经过治疗确定恢复健康后，学工人员对相关学生进行了批评教育，并对此次事件进行事后总结，警示学生尽量不要选择外卖，不要贪图便宜而到卫生条件较差的小餐馆就餐。

三、对策

1. 预防为主、把好就餐关

积极宣传普及食品卫生安全知识，提高学员学生安全防范意识和自救能力，严把学员学生就餐食物源头，从源头上切实加强学院食品卫生日常安全管理，及时发现和消除隐患。

2. 落实责任、强化管理

健全组织，责任落实到人，是做好学员学生就餐安全工作的保证。学院要成立就餐安全工作领导小组，切实加强就餐安全工作的领导，同时制订安全工作计划，把就餐安全工作作为一项事业来抓，查找问题，限时整改。

3. 明确重点、提高思想认识

学院饮食管理是学员学生管理工作的重点内容。学院对学员学生校内饮食和校外饮食都必须高度重视，做到有效管控。只有明确了防患重点，认识才能提高，思想才能统一，工作才能到位。

4. 完善制度、细化规定

为了防止就餐事故的发生，保障学员学生身体健康，学院必须有切实可行的食品卫生管理制度来做保证，用制度规范行为、用制度约束全体、用制度管理岗位。建立完善学院食品卫生安全事故的预防、报告、控制和救治等制度，严格执行食品卫生管理等相关法律法规，一旦发生应急事件，立即启动应急处理方案，学工人员和分管负责人要在第一时间赶到现场，了解事故情况，采取应急对策，并及时向各级领导报告有关情况。对在就餐安全应急事件中和善后处理工作中玩忽职守者，以及其他不利于预防和处置工作者，视其情况和危害后果轻重，追究责任。

5. 加强教育、培养学员学生良好饮食习惯

利用第二课堂对学员学生进行行为习惯的养成教育。采取措施，强化训练，使他们养成不酗酒、不吃路边摊，选择院内食堂就餐的良好习惯，减少就餐安全事件的发生概率。

6. 以人为本、快速反应

建立预警和快速反应机制，强化人力、物力、财力储备，并对相关教师进行系统的培训，使之具有一定处理就餐事件的专业知识和能力。一旦出现学院就餐安全事件，要做到快速反应、及时报告、及时处置，把损失降到最低。

第八节　群　体　事　件

一、案例描述

〔案例一〕

冯某与闫某等人是同班同学，住同一公寓，这个公寓中除冯某外，其他学生每晚都在12点左右睡觉，只有冯某每晚睡得较早，由于公寓其他同学玩电脑等原因影响其休息，心里一直怀有怨气。2017年5月23日晚上12点左右，公寓其他同学准备睡觉时，冯某突然大声说："你们都不让我睡，我也不让你们睡了"。然后他打开台灯，用手机播放音乐，公寓舍长闫某让冯某把音乐关掉，冯某不理会，闫某私自将冯某的手机音乐关掉后，冯某再次用手机播放音乐，闫某又动手去关冯某手机音乐，双方在争抢手机的过程中发生了肢体冲突，公寓其他成员眼看舍长为自己出头受了气，开始集体对冯某发起了攻击，冯某的鼻子被打出了血，隔壁公寓听到动静后，纷纷过来劝架，经同学劝解后该公寓全体人员上床睡觉，但未告知学工人员。5月24日早上，觉得自己吃了亏的冯某用公寓的板凳抢了刚起床的闫某背部两下，导致闫某头部下方受伤淤血，接着两人在公寓扭打起来，扭打过程中冯某将闫某压在身下，用起酒器划伤闫某，造成闫某身上五六处严重的皮外伤以及多处轻微皮外伤。公寓成员意识到事情的严重性，赶紧拉架，两人被公寓同学拉开后说好不再打架，但闫某心存怨气，在冯某去水房洗漱时他拿着哑铃棒去打冯某，由于公寓同学拉架没打着，闫某再次返回公寓取了自己的多用途工具将正在水房的冯某头部扎破，造成冯某头部流血不止。公寓同学立刻上报学工人员，并在学工人员的指示下立刻与就近医院取得联系，学工人员得知情况后，第一时间赶到事故现场，并与学校安保处取得联系，配合医院救护车将学生迅速送往医院救治。经医生检查确诊，冯某只是皮外伤，并无大

碍，学工人员将此事件上报学校领导，并与学生家长进行了沟通交流。根据学校违纪处分的有关规定严肃处理了整个事件中有过错的学生。

〔案例二〕

2017 年 9 月，某学校教学楼内发生了严重的踩踏事故，该事故发生在教学楼一层和二层之间的楼道内。事发当天白天天气良好，当晚 7 点左右突然开始下雨，同学们大多没有带伞，晚自习下课铃响起之后，同学们纷纷从教室里走出，想尽快跑回公寓。教学楼本来有左右两个楼梯，但由于装修封锁了左侧楼梯，大家只能从右侧楼梯上下楼。由于外面下着雨，大家下楼速度又快，造成了人员拥堵。下到一层的同学因为躲雨或者止步撑伞而放慢了脚步，后面的同学却不停地向前推搡。在一层和二层之间的楼道内，突然有一名学生因为楼梯较滑，不小心跌倒，这时，后面的学生并没有意识到，反而拥挤过来，一层叠一层地压在了跌到同学的身上，在狭窄的楼梯间，几十名学生瞬间挤成一团，顿时楼道中充斥着哭声与叫喊声，此时，当晚负责安全巡查与现场管理的值班教师赶到现场，在值班教师的指挥下，迅速疏散人群，扶起摔到学生，立即将摔到学生送至学校医院，并通知其学工人员。经学校医院确认，受伤的 26 名学生均无大碍，均有不同程度的皮外伤，休养几日便可康复。踩踏事件发生之后，学校对此事件的整个过程进行了调查，并对不当之处进行了改进。

二、案例剖析

〔案例一〕

（1）密切关注学生思想行为动态，及早发现并解决问题，避免矛盾激化。本案例中，冯某一直心怀怨气，直到 5 月 23 日晚与同公寓舍友，特别是与闫某发生肢体冲突，知情的学生特别是学生干部没有及时向学工人员报告，贻误了事件最佳处理时间。

（2）启动学校相关应急预案，及时干预并妥善处置，避免事态扩大化。本案例中，事发后学工人员第一时间赶到事发现场了解情况，第一时间上报学校、通知家长并对受伤学生进行救治，确保了事件处理过程平稳有序。

（3）按照校规校纪有关规定，对涉事学生进行再教育，杜绝事件再发生。本案例中，学工人员对整个事件进行了深入调查，处分了有过错的学生，帮助他们端正思想态度，确保双方最终达成谅解，和谐相处。

〔案例二〕

（1）学生流动的时间和场所较为密集。学生下晚自习（放学）或者就餐期间，在教学楼、公寓楼、餐厅的楼梯拐角处人流量较大。本案例就是发生在学生下晚自习后的教学楼楼梯上。

（2）学生自我安全保护意识薄弱。学生上下楼梯逆行、嬉戏打闹、搞恶作剧、不慎跌倒等行为都可能导致校园安全事件的发生。本案例就是由于下雨天楼梯较滑，学生不慎跌倒，从而导致了校园踩踏事故的发生。

（3）学校对校园安全的重视程度不够。学校设施、设备老化维修不及时，集会、活动期间安保不到位、危险应急演练缺失等都将会给学生造成大量安全隐患。本案例中封锁了一个楼梯本身就存在安全隐患，学校只安排了一名现场看守人员进行安全巡查与现场管理，导致事故处理不够及时得当。

三、对策

（1）加强学员学生日常行为监督管理，实时掌握学员学生思想动态。

学工人员要深入到学员学生中去，积极地捕捉学员学生的信息，对危机进行必要地预防，如学工人员要了解学员学生有怎样的家庭背景，以及学习和成长过程、思想状况、心理素质及个性特征。对于情况不同的学员学生要采取不同的教育方法来预防，如开展法治教育，让学员学生增强法治观念，对安全事件的处理进行必要的培训。建立学员学生思想动态评估工作机制，消除事件诱因，加大防范力度。

（2）加强学员学生干部队伍建设，建立学员学生干部常态汇报机制。

学工人员应该掌握必要的心理专业知识，学院要不定期组织学员学生开展心理健康教育，促进学员学生心理健康发展。要关注学员学生思想动态和心理状况，必要时发挥党团组织和学员学生干部作用，安排责任心强的学员学生干部担任班级心理委员，对学员学生的思想动态和反常行为，及时发现、及时上报、及时辅导，降低此类事件发生的概率。

（3）加强学员学生心理健康教育辅导，培养学员学生良好的心理素质。

邀请院内或者院外的心理健康方面的专家，让那些有心理困惑或者问题的学员学生直接进行咨询。利用学工人员对学员学生学习、个性特点和人际关系都比较熟悉这一优势，让学工人员为心理咨询专家提供信息，以便专家准确把握学员学生的整体心理动向。

（4）加强学院安全应急预案体系建设，提高学工人员工作的前瞻性和主动性。

学工人员要对院内可能发生的安全事件进行总结，并合理设置应急预案。群体事件具有明显的公共性、紧迫性、突发性的特点，及时并有效地计划、组织及协作是成功应对该类事件的关键。针对群体事件的特性及专业性、特殊性，制订应急预案，并通过实践不断加以修订和完善，使工作有据可依，处置流程更加科学有效。当事件发生后，相关部门能够第一时间调配人力、财力、物力资源，分配救援任务，协调救援场地，有效开展救援。

第九节　舆　情

一、案例描述

〔案例一〕

2019 年 5 月 25 日早 8 时许，某博主（粉丝量 212 万）发布标题为"山东济南国家电网技术学院食堂食品安全问题"的微博，内容为据该院培训学员爆料，食堂存在严重食品安全问题，且因此在学员中引发大面积流感，并附上多张食物内存在虫子的照片和反映流感问题的聊天截图。该条微博引起了广泛舆论关注，评论区出现数十条煽动性极强的负面言论，短时间内，微博转发量过百，相关话题也迅速登上了当日"热搜"。济南校区工作部学工处的舆情检查值班员发现情况后第一时间联系分管学工人员，学工处立即成立舆情事件处理小组并采取了以下措施：一是号召学员私信该博主，称聊天截图暴露了某位学员真实姓名，已对其现实生活产生了较大负面影响，要求博主立即删除微博；二是联系博主，称无法证实图片为学院食品，学院食堂一直不断提升服务水平，如调查后情况属实，将立刻妥善解决，该条微博刻意将食品安全与学员感冒情况相联系，吸引眼球，歪曲事实，已在学员中造成较大恐慌；三是号召学员在微博下发布对学院有利的言论，并对评论区里对学院有利的言论点赞，引导读者理性思考，扭转舆论走向；四是由学工人员号召各班级干部在班内引导正确的舆论走向，鼓励学员通过合理途径反映问题，同时，不要继续传播、渲染事件相关消息，避免引起大家的恐慌情绪。事件发生两小时后，博主将该条微博删除，网络舆情得到平息。

〔案例二〕

2018年4月19日，学校召开春季运动会，李某某担任某班级方队导引员，穿着导引员统一的短袖和短裙服装。4月19日下午晚饭时间，崔某某拍摄了李某某的照片。4月19日晚20：55，崔某某在QQ公众平台"学校表白墙"推送了自己拍摄的照片，"表白墙"平台随之进行了发布。其中一张照片由于拍摄角度问题造成不雅，在网络上引发400余次浏览和多条恶意评论。李某某得知情况后，随即与"表白墙"管理人员联系，要求获得照片拍摄者的联系方式、删除平台发布的照片并且道歉。"表白墙"管理人员林某某随即删除了平台照片，发送了崔某某的联系方式，并在网络上进行了道歉。随后李某某与崔某某取得联系，要求删除拍摄的照片并道歉，崔某某当晚未能作出明确回应。第二天上午，李某某将事情的经过告知学工人员并将平台发布的照片截图发给学工人员，并要求照片拍摄者崔某某当面道歉。学工人员了解事情的经过后与崔某某的学工人员取得联系，崔某某的学工人员找到崔某某核实情况，崔某某承认是自己的所作所为，认识到自己的错误并同意当面道歉。在道歉过程中，李某某以班里很多同学都看过照片和评论为由，提出崔某某必须面对全体学生进行公开道歉，并录制道歉视频公开到网上。学工人员认为该行为会对其本人造成更大的伤害，劝其进一步考虑，李某某以维护合法权益为由坚持录制道歉视频，且情绪比较激动，要求当天必须解决。两班学工人员随即将事件告知相关领导。为防止事件进一步发酵，最大限度保护李某某的个人形象，在相关领导和学工人员协调下，李某某放弃网上发布道歉视频的要求。4月20日中午，当事人崔某某、"表白墙"负责人包某某、"表白墙"管理人员林某某三位同学向李某某当面道歉，并保证照片已经删除，不会再次造成影响，李某某接受道歉，并对他们表示原谅。

〔案例三〕

2018年7月1日，某学校发布通知称，部分学生的公寓将搬到芳园，原公寓楼李园将腾给留学生居住，由于李园较新，芳园较旧，引起部分学生不满。10日，该校教师在催促学生搬公寓的过程中，与部分学生发生争执，引起学生围观，其过程被拍摄成视频传播至网络，引起舆论关注。舆论关注点，一是把条件好的公寓留给留学生。学校要求学生搬离原公寓将新建公寓楼腾出给留学生住且有学生称，留学生的公寓将改成2人到3人间，引发学生对学校不满，从而引发争执。学校回应，两个公寓园区条件的唯一差别是有无热水器且留学生的公寓也是6人间。二是学校强迫学生搬离原公寓。该校教师在班级群里通知学生抓紧搬离公寓，并宣称将对不配合学校工作的学生给予处分，该校教师在强迫学生搬公寓的过程中，与学生发生争执，据该校学生爆料，学校为了让即将毕业的学生搬出公寓，将原本四个月的实习时间提前并延长至一年。三是教师鼓励学生举报报料者。事件被披露后，有人在该校某班的班群里放出一张疑似爆料女生的照片，并询问学生是否认识此人。学校发布微博，鼓励学生举报爆料者，该校在官微发布情况说明后，号召学生对这篇微博评论区里的对学校有利的言论点赞。搜狐新闻率先报道该事件并附学校教师与学生发生争执的视频，引发舆论关注。澎湃新闻、头条新闻、观察者网纷纷对此发布文章，引发网民讨论，相关舆情量于当日达到顶峰。

二、案例剖析

〔案例一〕

（1）自媒体博主歪曲事实，放大事件焦点，对公众的理性判断产生了误导。但由于舆情事件处理小组抓住了控制舆情的关键时期，才未使得舆情进一步扩散，避免了更大范围的舆情产生。

（2）引导学员通过合理途径反映诉求的力度仍然不足，应当引导学员正面思考，增进对学院工作的理解。

〔案例二〕

（1）学生法治观念和责任意识淡薄。当事人使用相机拍摄他人照片，在未经他人允许的情况下私自上传至网络公众平台，公众平台管理人员未经仔细审核，就将照片予以发布。这是侵犯他人合法权益的行为，易对他人、学校造成不良影响。

（2）学校需要高度重视并普及法律知识。学校应该利用思政课、德育课等课堂阵地进一步普及法律知识，学工人员也要在日常学习生活中加强对学生的法律教育，让学生懂法、守法、用法。

（3）学校应该加强网络平台的监管。如今的大学生比较有主见，经常在网络上进行互动交流，学生自行建立的"表白墙"公众平台系采用学校名义，但未通知学校也未经学校许可，间接导致了本次事件的发生。对涉及学校名义的网络平台要依法进行注销，确保不发生不利于学校形象的网络事件，或者将相关网络平台收归学校使用，发挥网络的积极正面作用。

（4）学工人员和相关领导迅速反应。发生事件后，学校通过对学生的教育引导和沟通交流，最终寻找到了合适的、多方均可接受的解决方案，将本事件对学生个人、学校声誉的消极影响降到了最低，妥善解决了本次网络舆情事件，避免了严重后果的发生。

〔案例三〕

（1）事前缺少沟通。在处理该事件时，未做好与原住生的沟通工作且采取强迫手段，该校强迫学生将条件好的公寓腾给留学生用，这件事情在短时间内达到如此热度，背后透出的是公众的担忧和焦虑。学校为来华的留学生提供优待，也是人之常情，但是，如果学校为了给外国留学生腾地方，强迫本校学生搬去条件差的公寓，这就是蛮不讲理了。

（2）事中控制手段不当。在本案例中，学校人肉搜索、掩盖舆情等不当措施是导致舆情失控的主要原因。吸引外国留学生来华，能够促进多元文化交流，为教学和校园增添活力，但是高校需要同时谨记的原则是：对待全体学生要一视同仁，执行统一的管理标准。

（3）事后处理不妥。在舆论关注该事件后，学校发布的情况说明，存在模糊焦点，避重就轻的问题，对网民关注的学校威胁学生搬公寓、人肉爆料学生的问题无任何说明，却号召学生为官微点赞，任舆情肆意发酵，结果引发各方不满，舆情会更加汹涌。

三、对策

1. 强化危机意识

应当意识到网络舆情预警的重要性，并完善相应的应对措施，而且当舆情爆发时应当积极应对而不是逃避或者置之不管。危机意识的建立是重点，应当建立网络舆情预警机制，将网络舆情管理工作做到位，加强对网络舆情的管理。

2. 完善学院舆情管理

建立有效的舆情管理机构，切实落实任务和工作。网络舆情管理人员对将要出现的问题要有一定的敏感性，收集信息后，要将信息进行整合和处理，判断信息的真假，及时把结果上报给上级。在信息处理方面，应将问题进行整合，并且提出相对应的解决措施，这样当问题爆发时就能够及时拿出方案进行处理。预警工作要做到严格无误，落实到人，对存在潜在危机的信息，舆情预警人员应当及时向当事人提出警告。

3. 强化学员学生预警意识

学员学生具有预警意识不仅是为了维护自己的切身利益，同时也是保护学院的网络安全。学员学生应当有一定的判断能力，遇到虚假信息，应当及时上报给学院有关部门。学院应当经常开设相关讲座，引导学员学生获取有效的信息，并且识别虚假信息。

4. 拓展沟通渠道

学员学生跟学院之间应当经常沟通想法和看法。学院要提供可沟通的渠道，通过信箱、班级座谈会、学员学生社团等了解学员学生的内心想法。学员学生也应该不隐瞒、不夸张，将自己的意见如实告知学院。

5. 建立应急处理机制

网络舆情的发生具有突发性，学院应当具备迅速的反应速度和应急措施。针对事件的实际发展情况，分析事情严重与否，即刻启动应急预案，让事件的发展可以合理掌控。在处理网络舆情过程中，要分阶段进行。处理过程中，要做到公开、公正和透明。在处理信息过程中，要实时公布处理结果，让学员学生了解学院的态度。同时在事件处理过程中，要协调各方面的力量，特别要加强与事件当事人的沟通交流。要处理好与媒体的关系，学院要有专门的对外发言机构，统一说法，避免信息传达混乱，积极引导媒体进行正面和全面报道。同时，要把握好舆情处理的节奏，网络舆情的发展会随时间不断变化，学院要根据舆情发展的状况及时调整策略，对内形成统一意见，以维护学院的正面形象。积极应对社会质疑，及时阻断各种网络传言，在传统媒体和新媒体平台做好公关，要注意管控好网络信息的传播渠道。

第十节　民　族　关　系

一、案例描述

〔案例一〕

某院学生 A 某，男，维吾尔族，2015 级一年制预科生，平时表现良好，在班级也有一定的威信。B某，男，哈萨克族，2014级两年制预科生，汉语言表达能力较差，爱好篮球，由于语言和性格等原因，有时在球场上容易与人发生矛盾。2015年10月28日中午，A某与B某所在的两个班级进行篮球比赛，在比赛过程中因互相推搡，A某与B某发生矛盾，A某在众多同学面前对B某进行语言上的辱骂，随之B某欲通过暴力的方式来解决问题，两班同学见状及时将两人分开，在众多同学的极力劝导下，两人先后离开球场。但B某认为A某在众多同学面前对其辱骂有伤B某的自尊和在同学中的形象，心中怒火也难以平复，回到公寓后便开始联络关系较好的哈萨克族同学，以A某在篮球场上辱骂哈萨克族为由，希望哈萨克族同学帮助B某通过暴力手段给A某一个教训。当晚，B某与众多哈萨克族同学来到A某公寓欲对A某进行殴打，A某公寓以及周围公寓的维吾尔族同学见状也全部涌进A某公寓，希望帮助A某，暴力事件急剧升级。学工人员闻讯及时赶到A某公寓进行阻止，倾听学生讲述事情经过，后将参与事件同学进行严厉批评，并与B某和A某进行单独谈话，两人情绪稳定后相互认错，彼此道歉并表示和好如初，保证下次再不会犯错，绝不发生此类情况。

〔案例二〕

阿吉，维吾尔族，男，系某学院2010级学生，家住新疆农村，父母都是农民，兄弟姐妹7个，家庭经济困难，通过民族政策考入大学，汉语水平一般。阿吉性格内向、孤僻，与公寓和班级同学交流较少，在大一第二学期开始出现旷课、通宵打网络游戏等行为，导致期末考试出现4门不及格课程。由于大学与其高中情况的巨大落差，阿吉几乎将自己放弃，整日打网络游戏，连续旷课，不愿与人交流，讨厌自己所学的专业，甚至有了要退学的想法。阿吉性格上的一些因素也使其与周围同学，甚至是同公寓的同学的人际关系较差，造成了他很大的敌对心理，经常与室友、同学打架斗殴，其间还曾把一名同学胳膊打骨折。学工人员注意到了他的一系列行为，通过查看该生的学籍档案与家庭情况，阿吉家里只有他一人上大学，父母年龄已大，都是农民，没有别的收入来源，导致其与周围经济较为富裕的同学之间形成强烈的对比。针对阿吉的情况，学工人员进行思想上的正确引导，帮助他树立正确的人生观和价值观，利用平时周末和课余时间，在办公室与阿吉进行真诚、耐心地交流，帮助他重新认识大学生活，树立自信心。在大家的耐心开导与帮助下，阿吉重新找回了自信，对学习又充满了信心，不再沉溺于网络游戏，成绩也有了很大的进步，旷课少了，不及格课程通过补考和重修都通过了，他开始喜欢自己的专业，给自己树立了人生目标，现在正在积极准备考研。

二、案例剖析

〔案例一〕

1. 学生情绪过于偏激

A某与B某，由于在篮球比赛中互相推搡，情绪冲动，好面子，由小摩擦逐渐升级为民族之间的矛盾纠纷，导致事件扩大化、严重化。

2. 少数民族学生沟通能力有待提升

在与少数民族学生沟通与引导过程中，个别少数民族学生自我保护意识较强，心理承受能力较差。部分少数民族学生国家通用语言表达能力较差，家庭教育与基础教育阶段的受教育水平以及思维方式有较大的差异，所以在问题发生时需要对少数民族学生有更多的关心和足够的耐心。

〔案例二〕

1. 家庭情况复杂

该生家庭成员关系复杂，缺少关爱。父母对孩子的关心很少，造成性格孤僻、敏感。

2. 环境适应能力差

该生不能很快适应从新疆高中到内地大学生活的转变。由于民族习惯、语言等方面的原因，同公寓其他同学不理解，产生误会和分歧。

3. 学习成绩较差造成较大的学习压力

该生由于国家通用语言能力较差，造成在课程学习过程中较为吃力，成绩较差，进而造成很大的挫败感，缺乏自信。

4. 家庭贫困使其产生自卑心理

该生生活拮据，与周围经济较为富裕的同学之间形成很强的对比，造成一定的自卑心理。

三、对策

1. 及时解决民族关系事件

多民族学员学生发生打架斗殴等民族关系事件后，现场其他人员必须第一时间与保卫处、学工人员电话汇报事件情况。保卫处、学工人员必须在第一时间内赶到现场，了解和掌握事件情况，控制局面，及时疏散聚众人员，阻止事态发展，并将有关情况及时上报相关领导。同时依据校规校纪作出严肃处理，以有效化解矛盾，稳定学院正常的教学和生活秩序。

2. 做好思想引导工作

发生民族关系事件后，学工人员在处置事件时，应当及时安抚受伤学员学生的情绪，准确了解事件的整个过程，掌握问题症结，切实做好思想引导工作。

3. 加强校规校纪学习

针对学员学生私自解决矛盾的问题，学工人员应当及时指出事件中当事人的过错，强调在出现矛盾时不要感情用事、不要私自解决，在学院要遵规守纪，遇到矛盾问题要及时汇报给学工人员，让学工人员来协调解决。学工人员在处置过程中要坚持实事求是的原则，区分不同性质，全面、彻底解决问题。对事态严重、影响恶劣的民族关系事件，要在处理解决的同时上报上级主管部门。

4. 建立学院-家长联合培养机制

学工人员要经常与送培单位或者家长沟通交流，加深对学员学生的了解（主要了解学员学生性格特点及家庭环境等），向学员学生送培单位或者家长通报事件经过及处理结果。

5. 定期开展反对校园暴力教育

组织学员学生召开主题班会，通过班会统一学员学生的思想认识，预防和制止类似事件再次发生，引导学员学生正确、冷静地对待和处理突发性事件。

6. 积极开展精准帮扶工作

对于家庭贫困的少数民族学员学生或者学业压力比较大的少数民族学员学生，经常开展谈心谈话工作，在学习和生活上给予关心和指导。

第十一节　财　产　损　失

一、案例描述

〔案例一〕

2017 年 7 月，某高校学生沈某陷入"校园贷"骗局，直至 12 月 10 日因沈某的贷款未按时还款，贷款公司找到沈某家长要求还款，家长将此事告知了学工人员。得知事件之后，学校立即启动调查程序，安排学工人员进行深入调查，了解事件的详细过程。经调查发现，本次"校园贷"系校外社会人员赵某借助该班学生梁某（与赵某曾是初中同学）在该班物色年满 18 周岁的学生，通过"分期付款买手机"的形式，利用受害学生的身份证件向小额贷款公司贷款，贷款成功后给受害学生贷款总额度的 10% 作为提成，其余金额归赵某所有。赵某起初保证按时帮受害学生还款，但后来消失得无影无踪。该班级并非只有沈某一人陷入"校园贷"的骗局，受害学生共计 7 人。每位受害学生都写清楚了事件的详细经过并在调查结果上签字确认。学工人员将调查结果及时通知了受害学生的家长。针对本次事件，学校安排了专业的心理咨询教师对每名受害学生进行了心理疏导，避免受害学生的思想出现较大波动，确保受害学生在校的安全稳定。与此同时，12 月 12 日上午，学工人员带领受害学生到所在辖区的派出所报案，协助派出所民警对受害学生做好相关笔录工作，引导学生在发生矛盾纠纷后，要采取正当的途径解决纠纷。2018 年 1 月 2 日，派出所民警抓获了涉案人员赵某并通知其家长到派出所协助处理此事。按照派出所的要求，学工人员陪同受害学生及其家长于当日赶到派出所。在派出所民警的主持下双方当事人签署了调解书，赵某及其家长一次性归还了受害学生所欠贷款及利息，共计人民币21450 元。与此同时，派出所民警对双方当事人进行了耐心细致的批评与教育。2018 年 1月 3 日，该班级召开了"谨防校园贷等金融诈骗犯罪"的主题班会。会上，分享了近几年校园内发生的典型金融诈骗案例和此次"校园贷"事件受害学生的心得体会与反思。

〔案例二〕

"我的东西在公寓被盗了，丢了一台笔记本电脑，里面有很多重要文件，请您一定要帮帮我！"山东省驻泰某高校学生焦急地来到上高派出所报案称。进入 10 月以来，该大学南北校区男生公寓陆续发生多起入室盗窃案，丢失数台笔记本电脑及部分现金。针对最近连续发生的校园盗窃案，泰山区警方立即行动，力争从速破案。经警方调查，嫌疑人刘某某，2013 年曾两次因盗窃罪被公安机关打击处理，2014 年 8 月 31 日于淄博市昆仑监狱刑满释放。据刘某某本人交代，因在外地打工时了解到大学公寓门锁简陋、管理不严格，且许多大学生为图方便，时常不锁门或者将自己公寓的钥匙留置于门框上，因此产生了借机盗窃的想法。嫌疑人刘某某多次利用学生留在门框上方的钥匙进入学生公寓进行盗窃，共窃得两台笔记本、一部 iPad、一部手机、一部分现金还有学生身份证，涉案价值共计

12000 余元。目前刘某某已被依法刑事拘留，等待他的必将是法律的严惩。

二、案例剖析

〔案例一〕

（1）增强学生防范意识。沈某等人的不良借贷行为充分说明广大青年学生金融风险的防范意识仍然较为淡薄，不能充分认识到不良借贷存在的隐患和风险，很容易上当受骗，从而对自己及家人造成无法挽回的经济上甚至身体上的损失。

（2）加大事件调查力度。一是学校本着"实事求是，认真负责"的原则和态度，对事件进行详细调查。学校组织人员与当事人进行沟通谈话，调查事件的详细经过。在充分了解事件原委的基础上，及时向家长告知调查结果。二是学校本着"关爱学生"的育人理念，通过心理疏导的方式对学生进行安抚，通过帮助受害学生及时向公安机关报案，引导学生学会运用正当的、合法的途径解决各类纠纷。三是学校本着"惩前毖后"的原则，对受害学生进行批评教育，以召开主题班会的形式警示其他学生要引以为戒，号召全体学生积极学习金融和网络安全知识等，树立理性科学的消费观，养成艰苦朴素、勤俭节约的优秀品质。

〔案例二〕

（1）学生安全防范意识和法治观念不强。一是公寓学生疏忽大意，给他人以可乘之机，如人离开公寓忘记锁门、晚上睡觉不关门、贵重物品随意乱放、留宿外人或者钥匙外借等。本案中，嫌疑人刘某某就是多次利用学生留在门框上方的钥匙进入学生公寓进行盗窃的。二是个别素质低下的学生，熟悉公寓楼情况，偷窃成功一次后就疯狂频繁作案。这类"惯犯"也是诸多公寓失窃事件的罪魁祸首。

（2）学校安全保障措施不严密、安全管理体系存在漏洞。一是学校的安全基础设施陈旧、安全管理不到位、不完善等。本案中，嫌疑人刘某某之所以在高校内频繁偷盗作案，就是其在外地打工时了解到大学公寓门锁简陋、管理不严格造成的。二是针对特殊时间段的安全监管力度不够。如周末、节假日、学生上课时间等，此时公寓人员较少，给盗贼留下充裕的作案时间。

（3）增强应急事件处置能力。发生财产失窃事件时，受损失学生或者发现者应当第一时间将有关情况向学工人员报告并保护好现场，学工人员应当立即向相关负责人报告，相关负责人和学工人员应当在第一时间赶到失窃现场进行应急处置。必要时，可向公安机关报案，学工人员、当事人或者发现者等应当积极配合公安机关做好现场勘察和案件调查、侦破工作。

三、对策

（1）把保障学员学生财产安全作为一项常规性工作做实做细。

1）通过主题班会知识宣贯、自媒体安全教育宣传、安全交流互动活动、安全制度进课堂等方式，用鲜活的事例警示、教育广大学员学生树立财产安全防护意识和遵纪守法观念。

2）学工人员要经常深入到学员学生中去，加强公寓检查走访力度，主动了解学员学生存在的困难、矛盾或者纠纷，从小处着手防微杜渐，及时排查、上报和处理各类学员学生财产安全隐患问题。

3）在处置学员学生财物损失事件过程中，要高度重视舆情管控和涉事学员学生隐私保护等工作，统一解释口径，安排专人对外解释学员学生财物损失事件有关情况，避免财物损失事件起因、处置过程等内容被不当传播，引起学员学生及家长的恐慌或者社会的过度关注。

（2）持续加强和完善学院安全基础设施建设。

1）认真贯彻落实学院安全责任区建设工作职责。确保教室、公寓等学员学生活动密集场所的门窗完好无损，发现存在财产安全隐患问题时要及时进行加固或者更新。

2）确保教室、公寓等学员学生活动密集场所的监控无死角，监控设施齐全，当学员学生发生财产失窃等财产损失事件时能及时提供有关线索或者证据。

3）在安全基础设施建设过程中，既要注重防盗，保障学员学生财产安全，也要注重防火，保障学员学生人身安全，两者之间必须做到统筹兼顾。

（3）持续加强学院安全保卫工作力度。

1）强化安保人员对学院环境，特别是教学楼、公寓楼的二十四小时"无缝隙，无盲区"巡逻检查制度，发现可疑人员或者问题时及时了解情况并逐级上报。

2）完善外来人员出入院门登记管理制度，如有外来人员进出学院，安保人员必须进行身份核实并做好相应信息登记。

3）通过日常考勤记录、技能演练、技能培训或者技能比武等方式，认真做好学院安保人员的岗位责任监督和岗位能力提升工作。

4）学工人员可以通过组织开展学习研讨会、经验分享会等方式，不断丰富理论经验，提升实践能力。

第十二节 大学生就业与职业

一、案例描述

2017 年，某高校应届毕业生李某并未选择与自己专业对口的工作单位，而是通过互联网上的某招聘平台，轻而易举地就拿到了北京某家公司经理的职位。起初，家人和朋友们都为其感到高兴。但是后来，家人和朋友们纷纷发现，去该公司"报到"后的李某与过去上学时候的他判若两人，变得态度冷淡、频繁失联、多次借钱不还。根据上述种种迹象，家人和朋友们都感觉到李某陷入了传销组织，于是报案。但不幸的是，当年的 7 月 14 日，警方接到群众报警，在天津静海区一处水坑里发现李某的尸体。后查明，该公司实质上就是一家"李鬼"公司。

二、案例剖析

（1）面对日益严峻的高校毕业生就业形势，就业心态调整十分重要。学生由于求职心切，不能以沉着冷静的良好心态对待就业，不能结合自身实际情况对就业单位进行仔细考察，很容易上当受骗。本案中，李某对自己轻而易举就拿到经理这个职位没有客观认真地去辨识真伪，为随之而来的不幸遭遇埋下了伏笔。

（2）法治观念淡薄，法律维权意识不强，特别是对个人隐私的自我保护意识薄弱。个人通信、家庭甚至财产等信息一旦泄露，如若让传销组织掌握，便会以此对其行骗或者要挟，从而达到实施精神控制或者人身控制的目的，随之而来的安全隐患不容忽视。本案中，李某误入传销组织之后，未能及时报案寻求救助，最终酿成了惨剧的发生。在日常学生管理工作中必须主动采取多种活动形式，对学生进行就业方面法律法规知识的普及，提高学生对传销组织等非法机构的辨别能力，进而帮助学生掌握必要的自救途径和方法，尽最大可能避免学生误入歧途。

三、对策

（1）加强大学生职业生涯教育，构建系统、完善的大学生职业生涯教育体系。

1）"大学生职业生涯规划"课程对象全覆盖。低年级学生特别是大一新生对所学专业并不一定已经产生浓厚学习兴趣，加之对今后工作领域信息了解地不对称性，极易造成对未来发展前景的迷茫甚至焦虑。因此该课程不仅要向应届毕业生开设，而且应当向低年级学生进行适当的延伸拓展，不断培养学生职业决策能力。

2）培养学生法治思维方式和劳动维权意识。学工人员作为大学生德育工作的主要引领者，应当充分利用入学教育、学生第二课堂等环节，通过丰富多彩的活动形式或者活动载体，对学生进行法治教育、就业指导活动，启发引导学生正视自己的兴趣爱好、性格特点、职业发展方向等。

3）加强校企合作力度，科学合理设置专业。拓宽在校学生实习就业基地建设，因地制宜帮助学生探索、尝试就业或者创业机会，切实增强学生的实践经验和社会经验等，从而更好地面对就业压力带来的各种机遇与挑战。

（2）加强大学生就业期间管理，搭建全面、科学的就业服务与保障工作体系。

1）关注学生就业心理问题。就业期间竞争特别激烈，学生极易产生不同程度的就业心理问题，主要表现为焦虑感、挫折感甚至自卑感等。学工人员应当高度重视学生就业心理问题，多种渠道了解掌握学生思想行为动态，及时发现问题并进行心理的合理咨询疏导，避免出现不良后果。

2）抓好就业全过程管控。随着互联网的快速发展，学生了解就业信息的渠道越来越广泛，但随之而来的因虚假招聘信息而上当受骗的情况屡见不鲜。学校就业指导部门要充分做好服务保障工作，通过积极走访用人单位等方式严格确保提供的就业信息真实、可靠。与此同时，应当积极帮助学生对网络平台提供的就业招聘信息进行筛选核实，坚决做到发现问题立即处理，严格确保毕业生校园招聘全过程安全稳定。

（3）加强教育指导工作人员队伍建设，夯实就业指导活动工作基础。

1）重视综合能力培养。提高就业指导人员对职业信息的采集、积累能力，为学生的职业生涯提供定位更加准确的帮助和引导。

2）完善基础设施建设。充实就业指导人员数量，配备就业指导工作所需要的职业测评工具，更加有效地帮助学生做出科学的职业生涯规划。

3）保障工作扎实有效。多角度培养就业指导人员工作方式方法创新能力，提高就业指导工作人员咨询技术手段的运用水平，为学生的职业生涯提供更加具有针对性、个性化的服务，从而帮助学生顺利做出职业决策。

 思考与练习

1. 发生违反国家法律法规安全事件的对策是什么？
2. 发生心理问题与疾病安全事件的对策是什么？
3. 发生生理疾病安全事件的对策是什么？
4. 发生传染性疾病安全事件的对策是什么？
5. 发生意外伤害安全事件的对策是什么？
6. 发生消防安全事件的对策是什么？
7. 发生就餐安全事件的对策是什么？
8. 发生群体安全事件的对策是什么？
9. 发生舆情安全事件的对策是什么？
10. 发生民族关系安全事件的对策是什么？
11. 发生财产损失安全事件的对策是什么？
12. 发生大学生就业与职业安全事件的对策是什么？

附录

学员学生安全管理规章制度

学员学生安全管理规章制度根据制度建设主体，主要包括外部规章制度和内部规章制度。外部规章制度根据制度建设层级，主要包括法律、法规、规章和其他规范性文件；内部规章制度根据制度建设层级，主要包括公司规章制度和学院规章制度。

一、外部规章制度

（一）法律

我国的法律是指由全国人民代表大会及其常务委员会制定的规范性文件。我国的法律根据制定机关不同分为两大类，一类是由全国人民代表大会制定的基本法律；另一类是由全国人民代表大会常务委员会制定的其他法律。涉及学生安全管理的基本法律主要包括《中华人民共和国刑法》《中华人民共和国教育法》，其他法律主要包括《中华人民共和国侵权责任法》《中华人民共和国治安管理处罚法》《中华人民共和国安全生产法》《中华人民共和国国家安全法》《中华人民共和国网络安全法》。

1.《中华人民共和国刑法》

《中华人民共和国刑法》于1979年7月1日由第五届全国人民代表大会第二次会议通过，经1997年第八届全国人民代表大会第五次会议全面修正后，又陆续进行了十次修正。《中华人民共和国刑法》共两编、二十五章、四百五十二条。在《中华人民共和国刑法》中，虽然没有专门条款对学生安全管理事项作出规定，但是学校或者学校工作人员在一定条件下，可以因学生安全管理重大瑕疵构成危害公共安全罪。危害公共安全罪包含着造成不特定的多数人伤亡或者使公私财产遭受重大损失的危险，其人身伤亡和财产损失的范围和程度往往是难以预料的，因此危害公共安全罪是危害性极大的一类犯罪，处罚力度也较其他犯罪更重。比如第一百三十四条第一款规定的"重大责任事故罪"，即"在生产、作业中违反有关安全管理的规定，因而发生重大伤亡事故或者造成其他严重后果的，处三年以下有期徒刑或者拘役；情节特别恶劣的，处三年以上七年以下有期徒刑"的规定；第一百三十四条第二款规定的"强令违章冒险作业罪"，即"强令他人违章冒险作业，因而发生重大伤亡事故或者造成其他严重后果的，处五年以下有期徒刑或者拘役；情节特别恶劣的，处五年以上有期徒刑"的规定；第一百三十五条规定的"重大劳动安全事故罪"，即"安全生产设施或者安全生产条件不符合国家规定，因而发生重大伤亡事故或者造成其他严重后果的，对直接负责的主管人员和其他直接责任人员，处三年以下有期徒刑或者拘役；情节特别恶劣的，处三年以上七年以下有期徒刑"的规定；第一百三十五条之一规定的"大型群众性活动重大安全事故罪",即"举办大型群众性活动违反安全管理规定,因而发生重大伤亡事故或者造成其他严重后果的,对直接负责的主管人员和其他直接责任人员,处三年以下有期徒刑或者拘役;情节特别恶劣的,处三年以上七年以下有期徒刑"的规定;第一百三十八条规定的"教育设施重大安全事故罪",即"明知校舍或者教育教学设施有危险,而不采取措施或者不及时报告,致使发生重大伤亡事故的,对直接责任人员,处三年以下有期徒刑或者拘役;后果特别严重的,处三年以上七年以下有期徒刑"的规定;第一百三十九条之一规定的"不报、谎报安全事故罪",即"在安全事故发生后,负有报告职责的人员不报或者谎报事故情况,贻误事故抢救,情节严重的,处三年以下有期徒刑或者拘役;情节特别严重的,处三年以上七年以下有期徒刑"的规定。上述提到的重大责任事故罪,强令违章冒险作业罪,重大劳动安全事故罪,大型群众性活动重大安全事故罪,教育设施重大安全事故罪,不报、谎报安全事故罪,学校或者学校工作人员在满足犯罪主客体要求、主客观要件的基础上,可以构成犯罪。

2.《中华人民共和国教育法》

《中华人民共和国教育法》于1995年3月18日由第八届全国人民代表大会第三次会议通过,后经两次修正。《中华人民共和国教育法》共十章、八十六条。在《中华人民共和国教育法》中,对学生安全管理事项做了部分专门规定。比如第八条第二款"国家实行教育与宗教相分离。任何组织和个人不得利用宗教进行妨碍国家教育制度的活动"的规定;第四十五条"教育、体育、卫生行政部门和学校及其他教育机构应当完善体育、卫生保健设施,保护学生的身心健康"的规定;第五十条第二款"未成年人的父母或者其他监护人应当配合学校及其他教育机构,对其未成年子女或者其他被监护人进行教育"的规定;第五十二条第二款"学校及其他教育机构应当同基层群众性自治组织、企业事业组织、社会团体相互配合,加强对未成年人的校外教育工作"的规定;第七十二条"结伙斗殴、寻衅滋事,扰乱学校及其他教育机构教育教学秩序或者破坏校舍、场地及其他财产的,由公安机关给予治安管理处罚;构成犯罪的,依法追究刑事责任"的规定;第七十三条"明知校舍或者教育教学设施有危险,而不采取措施,造成人员伤亡或者重大财产损失的,对直接负责的主管人员和其他直接责任人员,依法追究刑事责任"的规定。

3.《中华人民共和国侵权责任法》

《中华人民共和国侵权责任法》于2009年12月26日由第十一届全国人民代表大会常务委员会第十二次会议通过。《中华人民共和国侵权责任法》共十二章、九十二条。第三十七条"宾馆、商场、银行、车站、娱乐场所等公共场所的管理人或者群众性活动的组织者,未尽到安全保障义务,造成他人损害的,应当承担侵权责任。因第三人的行为造成他人损害的,由第三人承担侵权责任;管理人或者组织者未尽到安全保障义务的,承担相应的补充责任"的规定;第三十九条"限制民事行为能力人在学校或者其他教育机构学习、生活期间受到人身损害,学校或者其他教育机构未尽到教育、管理职责的,应当承担责任"的规定;第四十条"无民事行为能力人或者限制民事行为能力人在幼儿园、学校或者其他教育机构学习、生活期间,受到幼儿园、学校或者其他教育机构以外的人员人身损害的,由侵权人承担侵权责任;幼儿园、学校或者其他教育机构未尽到管理职责的,承担相应的补充责任"的规定,是学生发生人身损害事件后,学校进行责任分担的重要依据。第六条"行为人因过错侵害他人民事权益，应当承担侵权责任。根据法律规定推定行为人有过错，行为人不能证明自己没有过错的，应当承担侵权责任"的规定；第八条"二人以上共同实施侵权行为，造成他人损害的，应当承担连带责任"的规定；第九条第一款"教唆、帮助他人实施侵权行为的，应当与行为人承担连带责任"的规定；第十条"二人以上实施危及他人人身、财产安全的行为，其中一人或者数人的行为造成他人损害，能够确定具体侵权人的，由侵权人承担责任；不能确定具体侵权人的，行为人承担连带责任"的规定；第十一条"二人以上分别实施侵权行为造成同一损害，每个人的侵权行为都足以造成全部损害的，行为人承担连带责任"的规定；第十二条"二人以上分别实施侵权行为造成同一损害，能够确定责任大小的，各自承担相应的责任；难以确定责任大小的，平均承担赔偿责任"的规定；第十三条"法律规定承担连带责任的，被侵权人有权请求部分或者全部连带责任人承担责任"的规定；第十四条"连带责任人根据各自责任大小确定相应的赔偿数额；难以确定责任大小的，平均承担赔偿责任。支付超出自己赔偿数额的连带责任人，有权向其他连带责任人追偿"的规定；第十五条"承担侵权责任的方式主要有：（一）停止侵害；（四）返还财产；（六）赔偿损失；（七）赔礼道歉；（八）消除影响、恢复名誉。以上承担侵权责任的方式，可以单独适用，也可以合并适用"的规定；第十六条"侵害他人造成人身损害的，应当赔偿医疗费、护理费、交通费等为治疗和康复支出的合理费用，以及因误工减少的收入。造成残疾的，还应当赔偿残疾生活辅助具费和残疾赔偿金。造成死亡的，还应当赔偿丧葬费和死亡赔偿金"的规定；第二十二条"侵害他人人身权益，造成他人严重精神损害的，被侵权人可以请求精神损害赔偿"的规定；第三十六条第一款"网络用户、网络服务提供者利用网络侵害他人民事权益的，应当承担侵权责任"的规定，是侵权学生承担责任的重要依据。

4.《中华人民共和国治安管理处罚法》

《中华人民共和国治安管理处罚法》于2005年8月28日由第十届全国人民代表大会常务委员会第十七次会议通过，后经一次修正。《中华人民共和国治安管理处罚法》共六章、一百一十九条。在《中华人民共和国治安管理处罚法》中，虽然没有专门条款对学生安全管理事项作出规定，但是在一定条件下，学生的若干不当行为极易构成违法行为。比如第二十三条第一项"有下列行为之一的，处警告或者二百元以下罚款；情节较重的，处五日以上十日以下拘留，可以并处五百元以下罚款：扰乱机关、团体、企业、事业单位秩序，致使工作、生产、营业、医疗、教学、科研不能正常进行，尚未造成严重损失的"的规定；第二十五条第一项"有下列行为之一的，处五日以上十日以下拘留，可以并处五百元以下罚款；情节较轻的，处五日以下拘留或者五百元以下罚款：散布谣言，谎报险情、疫情、警情或者以其他方法故意扰乱公共秩序的"的规定；第二十六条"有下列行为之一的，处五日以上十日以下拘留，可以并处五百元以下罚款；情节较重的，处十日以上十五日以下拘留，可以并处一千元以下罚款：（一）结伙斗殴的；（二）追逐、拦截他人的；（三）强拿硬要或者任意损毁、占用公私财物的；（四）其他寻衅滋事行为"的规定；第二十七条"有下列行为之一的，处十日以上十五日以下拘留，可以并处一千元以下罚款；情节较轻的，处五日以上十日以下拘留，可以并处五百元以下罚款：（一）组织、教唆、胁迫、诱骗、煽动他人从事邪教、会道门活动或者利用邪教、会道门、迷信活动，扰乱社会秩序、损害他人身体健康的；（二）冒用宗教、气功名义进行扰乱社会秩序、损害他人身体健康活动的"的规定；第二十九条"有下列行为之一的，处五日以下拘留；情节较重的，处五日以上十日以下拘留：（一）违反国家规定，侵入计算机信息系统，造成危害的；（二）违反国家规定，对计算机信息系统功能进行删除、修改、增加、干扰，造成计算机信息系统不能正常运行的；（三）违反国家规定，对计算机信息系统中存储、处理、传输的数据和应用程序进行删除、修改、增加的；（四）故意制作、传播计算机病毒等破坏性程序，影响计算机信息系统正常运行的"的规定；第三十二条"非法携带枪支、弹药或者弩、匕首等国家规定的管制器具的，处五日以下拘留，可以并处五百元以下罚款；情节较轻的，处警告或者二百元以下罚款。非法携带枪支、弹药或者弩、匕首等国家规定的管制器具进入公共场所或者公共交通工具的，处五日以上十日以下拘留，可以并处五百元以下罚款"的规定；第四十三条"殴打他人的，或者故意伤害他人身体的，处五日以上十日以下拘留，并处二百元以上五百元以下罚款；情节较轻的，处五日以下拘留或者五百元以下罚款。有下列情形之一的，处十日以上十五日以下拘留，并处五百元以上一千元以下罚款：（一）结伙殴打、伤害他人的；（二）殴打、伤害残疾人、孕妇、不满十四周岁的人或者六十周岁以上的人的；（三）多次殴打、伤害他人或者一次殴打、伤害多人的"的规定；第四十七条"煽动民族仇恨、民族歧视，或者在出版物、计算机信息网络中刊载民族歧视、侮辱内容的，处十日以上十五日以下拘留，可以并处一千元以下罚款"的规定；第四十九条"盗窃、诈骗、哄抢、抢夺、敲诈勒索或者故意损毁公私财物的，处五日以上十日以下拘留，可以并处五百元以下罚款；情节较重的，处十日以上十五日以下拘留，可以并处一千元以下罚款"的规定；第五十五条"煽动、策划非法集会、游行、示威，不听劝阻的，处十日以上十五日以下拘留"的规定；第六十三条第一项"有下列行为之一的，处警告或者二百元以下罚款；情节较重的，处五日以上十日以下拘留，并处二百元以上五百元以下罚款：刻画、涂污或者以其他方式故意损坏国家保护的文物、名胜古迹的"的规定；第六十六条"卖淫、嫖娼的，处十日以上十五日以下拘留，可以并处五千元以下罚款；情节较轻的，处五日以下拘留或者五百元以下罚款"的规定；第七十条"以营利为目的，为赌博提供条件的，或者参与赌博赌资较大的，处五日以下拘留或者五百元以下罚款；情节严重的，处十日以上十五日以下拘留，并处五百元以上三千元以下罚款"的规定；第七十二条"有下列行为之一的，处十日以上十五日以下拘留，可以并处二千元以下罚款；情节较轻的，处五日以下拘留或者五百元以下罚款：（一）非法持有鸦片不满二百克、海洛因或者甲基苯丙胺不满十克或者其他少量毒品的；（二）向他人提供毒品的；（三）吸食、注射毒品的；（四）胁迫、欺骗医务人员开具麻醉药品、精神药品的"的规定；第七十三条"教唆、引诱、欺骗他人吸食、注射毒品的，处十日以上十五日以下拘留，并处五百元以上二千元以下罚款"的规定。

5.《中华人民共和国安全生产法》

《中华人民共和国安全生产法》于2002年6月29日由第九届全国人民代表大会常务委员会第二十八次会议通过，后经两次修正。《中华人民共和国安全生产法》共七章、一百一十四条。《中华人民共和国安全生产法》是为了加强安全生产工作，防止和减少生产安全事故，保障人民群众生命和财产安全，促进经济社会持续健康发展制定的，是安全生产领域的基础性法律。第三条"安全生产工作应当以人为本，坚持安全发展，坚持安全第一、预防为主、综合治理的方针，强化和落实生产经营单位的主体责任，建立生产经营单位负责、职工参与、政府监管、行业自律和社会监督的机制"的规定；第四条"生产经营单位必须遵守本法和其他有关安全生产的法律、法规，加强安全生产管理，建立、健全安全生产责任制和安全生产规章制度，改善安全生产条件，推进安全生产标准化建设，提高安全生产水平，确保安全生产"的规定是做好学生安全管理工作的基本指导原则。另外，在《中华人民共和国安全生产法》第六章"法律责任"中，对因履责不到位导致安全责任事故的单位或个人给予相应的民事、行政甚至刑事处分，其特点是处罚力度越来越重、连带范围越来越广、监管力度越来越严。比如《中华人民共和国安全生产法》第九十四条第四、五、六项"生产经营单位有下列行为之一的，责令限期改正，可以处五万元以下的罚款；逾期未改正的，责令停产停业整顿，并处五万元以上十万元以下的罚款，对其直接负责的主管人员和其他直接责任人员处一万元以上二万元以下的罚款：（四）未如实记录安全生产教育和培训情况的；（五）未将事故隐患排查治理情况如实记录或者未向从业人员通报的；（六）未按照规定制定生产安全事故应急救援预案或者未定期组织演练的"的规定。因此，严格遵守《中华人民共和国安全生产法》开展学生安全管理工作，是确保学校安全运营、员工安全职业的根本保障。

6.《中华人民共和国国家安全法》

《中华人民共和国国家安全法》于1993年2月22日由第七届全国人民代表大会常务委员会第三十次会议通过，后经两次修正。《中华人民共和国国家安全法》共七章、八十四条。在学生思想政治教育工作尤其是在少数民族学生思想政治教育工作中，应当特别关注以下条款：第十五条第二款"国家防范、制止和依法惩治任何叛国、分裂国家、煽动叛乱、颠覆或者煽动颠覆人民民主专政政权的行为；防范、制止和依法惩治窃取、泄露国家秘密等危害国家安全的行为；防范、制止和依法惩治境外势力的渗透、破坏、颠覆、分裂活动"的规定；第二十三条"国家坚持社会主义先进文化前进方向，继承和弘扬中华民族优秀传统文化，培育和践行社会主义核心价值观，防范和抵制不良文化的影响，掌握意识形态领域主导权，增强文化整体实力和竞争力"的规定；第二十六条"国家坚持和完善民族区域自治制度，巩固和发展平等团结互助和谐的社会主义民族关系。坚持各民族一律平等，加强民族交往、交流、交融，防范、制止和依法惩治民族分裂活动，维护国家统一、民族团结和社会和谐，实现各民族共同团结奋斗、共同繁荣发展"的规定；第二十八条"国家反对一切形式的恐怖主义和极端主义，加强防范和处置恐怖主义的能力建设，依法开展情报、调查、防范、处置以及资金监管等工作，依法取缔恐怖活动组织和严厉惩治暴力恐怖活动"的规定。

7.《中华人民共和国网络安全法》

《中华人民共和国网络安全法》于2016年11月7日由第十二届全国人民代表大会常务委员会第二十四次会议通过。《中华人民共和国网络安全法》共七章、七十九条。网络思想政治教育是学工人员的主要工作职责之一，在构建网络思想政治教育重要阵地，积极传播先进文化；加强学生网络素养教育，积极培养校园好网民，引导学生创作网络文化作品，弘扬主旋律，传播正能量等工作方面，应当特别关注以下条款：第六条"国家倡导诚实守信、健康文明的网络行为，推动传播社会主义核心价值观，采取措施提高全社会的网络安全意识和水平，形成全社会共同参与促进网络安全的良好环境"的规定；第十二条第二款"任何个人和组织使用网络应当遵守宪法法律，遵守公共秩序，尊重社会公德，不得危害网络安全，不得利用网络从事危害国家安全、荣誉和利益，煽动颠覆国家政权、推翻社会主义制度，煽动分裂国家、破坏国家统一，宣扬恐怖主义、极端主义，宣扬民族仇恨、民族歧视，传播暴力、淫秽色情信息，编造、传播虚假信息扰乱经济秩序和社会秩序，以及侵害他人名誉、隐私、知识产权和其他合法权益等活动"的规定；第二十七条"任何个人和组织不得从事非法侵入他人网络、干扰他人网络正常功能、窃取网络数据等危害网络安全的活动；不得提供专门用于从事侵入网络、干扰网络正常功能及防护措施、窃取网络数据等危害网络安全活动的程序、工具；明知他人从事危害网络安全的活动的，不得为其提供技术支持、广告推广、支付结算等帮助"的规定；第四十四条"任何个人和组织不得窃取或者以其他非法方式获取个人信息，不得非法出售或者非法向他人提供个人信息"的规定；第四十六条"任何个人和组织应当对其使用网络的行为负责，不得设立用于实施诈骗，传授犯罪方法，制作或者销售违禁物品、管制物品等违法犯罪活动的网站、通讯群组，不得利用网络发布涉及实施诈骗，制作或者销售违禁物品、管制物品以及其他违法犯罪活动的信息"的规定；第四十八条第一款"任何个人和组织发送的电子信息、提供的应用软件，不得设置恶意程序，不得含有法律、行政法规禁止发布或者传输的信息"的规定；第六十三条第一款"违反本法第二十七条规定，从事危害网络安全的活动，或者提供专门用于从事危害网络安全活动的程序、工具，或者为他人从事危害网络安全的活动提供技术支持、广告推广、支付结算等帮助，尚不构成犯罪的，由公安机关没收违法所得，处五日以下拘留，可以并处五万元以上五十万元以下罚款；情节较重的，处五日以上十五日以下拘留，可以并处十万元以上一百万元以下罚款"的规定；第六十四条第二款"违反本法第四十四条规定，窃取或者以其他非法方式获取、非法出售或者非法向他人提供个人信息，尚不构成犯罪的，由公安机关没收违法所得，并处违法所得一倍以上十倍以下罚款，没有违法所得的，处一百万元以下罚款"的规定；第六十七条第一款"违反本法第四十六条规定，设立用于实施违法犯罪活动的网站、通讯群组，或者利用网络发布涉及实施违法犯罪活动的信息，尚不构成犯罪的，由公安机关处五日以下拘留，可以并处一万元以上十万元以下罚款；情节较重的，处五日以上十五日以下拘留，可以并处五万元以上五十万元以下罚款。关闭用于实施违法犯罪活动的网站、通讯群组"的规定；第七十条"发布或者传输本法第十二条第二款和其他法律、行政法规禁止发布或者传输的信息的，依照有关法律、行政法规的规定处罚"的规定；第七十一条"有本法规定的违法行为的，依照有关法律、行政法规的规定记入信用档案，并予以公示"的规定；第七十四条"违反本法规定，给他人造成损害的，依法承担民事责任。违反本法规定，构成违反治安管理行为的，依法给予治安管理处罚；构成犯罪的，依法追究刑事责任"的规定。

　　（二）法规

　　我国的法规是指国家机关制定的规范性文件。我国的法规根据制定机关不同分为两大类，一类是由国务院制定和颁布的行政法规；另一类是由省、自治区、直辖市人民代表大会及其常务委员会制定和公布的地方性法规。涉及学生安全管理的行政法规主要包括《生产安全事故报告和调查处理条例》《大型群众性活动安全管理条例》，地方性法规主要包括《山东省学校安全条例》。

1.《生产安全事故报告和调查处理条例》

《生产安全事故报告和调查处理条例》于 2007 年 3 月 28 日由国务院第 172 次常务会议通过。《生产安全事故报告和调查处理条例》共六章、四十六条。第四条第一款"事故报告应当及时、准确、完整，任何单位和个人对事故不得迟报、漏报、谎报或者瞒报"的规定是做好学生安全事故报告和调查处理的基本指导原则。学校在学生安全事故报告工作方面主要执行《国家电网公司值班重大事项请示报告管理办法》（国网〔办/4〕292—2014），因此对《生产安全事故报告和调查处理条例》相关条款不再赘述。

2.《大型群众性活动安全管理条例》

《大型群众性活动安全管理条例》于 2007 年 8 月 29 日由国务院第 190 次常务会议通过。《大型群众性活动安全管理条例》共五章、二十六条。《大型群众性活动安全管理条例》规定的大型群众性活动是指法人或者其他组织面向社会公众举办的每场次预计参加人数达到 1000 人以上的活动。《大型群众性活动安全管理条例》相关条款对学校做好大型学生集体活动具有重大指导和规范意义，比如第三条"大型群众性活动的安全管理应当遵循安全第一、预防为主的方针，坚持承办者负责、政府监管的原则"的规定；第六条第一款"举办大型群众性活动，承办者应当制订大型群众性活动安全工作方案"的规定；第七条第一项"承办者具体负责下列安全事项：（一）落实大型群众性活动安全工作方案和安全责任制度，明确安全措施、安全工作人员岗位职责，开展大型群众性活动安全宣传教育"的规定；第十九条"在大型群众性活动举办过程中发生公共安全事故、治安案件的，安全责任人应当立即启动应急救援预案，并立即报告公安机关"的规定。

3.《山东省学校安全条例》

《山东省学校安全条例》于 2018 年 11 月 30 日由山东省第十三届人民代表大会常务委员会第七次会议通过。《山东省学校安全条例》共六章、六十三条。《山东省学校安全条例》旨在保障学校安全，维护学校教育教学秩序，保护学生、教师以及其他职工和学校的合法权益及为培养德智体美劳全面发展的社会主义建设者和接班人创造安全环境。在学习过程中，应当特别关注以下条款：第八条"学校应当履行安全工作主体责任。学校主要负责人对校园安全工作全面负责"的规定；第十九条"学校应当建立健全风险防控、隐患排查、预测预警、应急处置等机制，制定安全事故处置预案，定期组织应对地震、火灾、水灾、拥挤踩踏等突发事件的应急演练，保障学生、教师以及其他职工安全"的规定；第二十一条"学生家长应当提高安全保障和风险防控意识，配合学校和有关部门做好学校安全工作。学生有特异体质、特定疾病或者其他生理、心理异常状况的，其家长应当及时书面告知学校"的规定；第二十二条"学生应当遵守法律、法规、规章和学校的管理制度，服从学校的安全教育和管理，增强自我保护意识"的规定；第二十四条"学校应当开设安全课程；针对学生群体和年龄特点，联合有关部门和社会组织开展禁毒和防范网络沉迷、诈骗、溺水、欺凌、暴力以及交通安全、消防安全、食品安全、自救与互救等专题教育；通过互联网安全教育平台、专题讲座、志愿服务等方式，对学生、学生家长进行安全教育。学校应当经常性地对教师、安全保卫人员以及其他职工进行安全风险防控、应急处置和相关法律知识的教育培训"的规定；第二十五条"学校应当明确负责安全管理工作的机构和人员，开展经常性的校园安全检查和隐患排查；配备必要的安全防护器材，安装符合相关标准的视频监控系统、紧急报警装置，建立并实施网上巡查制度"的规定；第二十六条"学校应当定期组织对校内建筑物、构筑物、悬挂物以及体育场馆、体育器材等设施、设备进行安全检查；对不符合安全标准或者存在安全隐患的，应当停止使用、设置警示标识并及时加固、维修、改造、更换或者重建。学校的校舍、场地等设施不得违反规定储存易燃、易爆、有毒、有害等危险物品"的规定；第三十四条"为学生提供住宿的学校应当建立健全公寓安全管理制度，配备专职公寓管理人员对住宿学生进行管理，定时开展安全巡查"的规定；第三十九条第一款"学校应当制定学生日常行为规范，对学生日常行为进行管理；采取有效措施防范和制止学生在校园内携带管制刀具、打架斗殴、欺凌等不良行为或者违法行为"的规定；第四十条第一款"学校应当建立学生考勤制度，及时将学生未按时到校、擅自离校、失去联系等异常情况告知学生家长，并采取处置措施，必要时向公安机关请求帮助"的规定；第四十一条"学校教师以及其他职工应当遵守职业道德和工作纪律，不得侮辱、殴打、体罚或者变相体罚学生；发现学生心理、行为异常或者行为具有危险性时，应当及时报告学校，并告知学生家长"的规定；第四十二条"学校组织学生开展活动应当与学生的生理、心理特点以及认知能力相适应，不得组织学生参加或者从事危及人身安全的活动。学校组织学生参加文化娱乐、体育竞赛、社会实践等集体活动前，应当进行安全风险评估，制定安全风险防控方案，对学生进行安全教育，并安排专门人员进行安全管理"的规定；第四十三条"学校应当关注有特异体质、特定疾病或者其他生理、心理异常状况学生的在校情况，及时将相关情况告知其家长，并安排适宜的教育教学、社会实践等活动，预防意外事故的发生"的规定；第四十五条"发生安全事故，学校应当立即启动处置预案，依法采取防范、控制、救助、抢险等措施，并按照规定报告县级以上人民政府教育、人力资源社会保障和其他有关部门；属于生产安全事故的，同时报告应急管理部门。符合启动安全事故应急预案条件的，有关部门接到报告后应当立即启动应急预案；属于重大或者特大安全事故的，由县级以上人民政府立即启动学校安全应急预案"的规定；第四十六条"出现可能影响学校安全的自然灾害、事故灾难、公共卫生事件和社会安全事件风险时，县级以上人民政府负责突发事件应对工作的部门应当立即通知学校；学校应当立即采取停课、暂避、疏散、管控等措施"的规定；第四十七条"学校发现学生有欺凌和暴力行为，应当采取措施保护、帮助受伤害者，自发现之日起十日内完成调查，并按照规定进行处置；发现涉嫌违法犯罪的，应当向公安机关报案"的规定；第四十八条"学校发现校园性侵犯事件，应当采取措施保护、帮助受伤害者，并立即向公安机关报案，同时向学校的主管部门报告"的规定；第四十九条"学校和有关部门处理学生欺凌和暴力、校园性侵犯事件，应当依法保护当事人的隐私。当事人双方应当配合学校和有关部门的调查处理，学校和有关部门应当听取双方意见诉求"的规定；第五十一条"发生学校安全事故，学生家长、学生以及其他人员不得有下列干扰事故处置和调查处理的行为：（一）侮辱、威胁、恐吓、故意伤害学生、教师以及其他职工、事故调查处理人员或者限制其人身自由；（二）围堵学校扰乱学校教育教学秩序；（三）侵占、损毁学校设施、设备；（四）携带危险物品和管制刀具进入学校；（五）制造、散布谣言；（六）其他违法行为。

发生前款行为，涉嫌违法犯罪的，学校应当立即向所在地公安机关报案；公安机关应当依法及时采取措施，予以处置，维护教育教学秩序"的规定；第五十七条"违反本条例规定，学校未履行安全教育与管理、应急处置与事故处理职责的，由县级以上人民政府教育、人力资源社会保障或者其他有关部门按照各自职责给予警告，责令限期改正；情节严重的，予以通报批评并取消其教育工作评先评优资格或者撤销先进单位称号，对学校直接负责的主管人员和其他直接责任人员依法给予处分"的规定；第五十八条"违反本条例规定，学校发生安全事故并且负有责任的，由县级以上人民政府教育、人力资源社会保障等部门按照各自职责对学校直接负责的主管人员和其他直接责任人员依法给予处分。违反本条例规定，学校发生安全事故，未按照规定进行处置、报告的，由县级以上人民政府教育、人力资源社会保障等部门按照各自职责给予警告，责令限期改正，并予以通报批评；对学校直接负责的主管人员和其他直接责任人员依法给予处分"的规定；第五十九条"违反本条例规定，学生实施欺凌和暴力行为的，由学校给予批评教育，根据具体情节和危害程度给予纪律处分，并将其表现记入学生综合素质评价；情节严重的，由公安机关进行警示教育或者予以训诫；构成违反治安管理行为的，依法给予处罚"的规定；第六十条"违反本条例规定，学生家长、学生以及其他人员干扰事故处置和调查处理，构成违反治安管理行为的，由公安机关依法给予处罚；构成犯罪的，依法追究刑事责任；造成人身伤害或者财产损失的，依法承担赔偿责任"的规定；第六十一条"学生在学校学习、生活期间受到人身损害的，依照民事法律规定确定学校责任；学校尽到法定教育、管理职责的，依照民事法律的规定不承担责任"的规定。

（三）规章

我国的规章是指国家行政机关制定的规范性文件。我国的规章根据制定机关不同分为两大类，一类是由国务院组成部门及直属机构在其职权范围内依据法律、法规制定的部门规章；另一类是由省、自治区、直辖市人民政府和较大的市人民政府在其职权范围内依据法律、法规制定的地方政府规章。涉及学生安全管理的规章主要是部门规章，主要包括《高等学校校园秩序管理若干规定》《学生伤害事故处理办法》《普通高等学校学生管理规定》《普通高等学校辅导员队伍建设规定》。

1.《高等学校校园秩序管理若干规定》

《高等学校校园秩序管理若干规定》于 1990 年 9 月 18 日由原国家教育委员会发布。《高等学校校园秩序管理若干规定》共二十条。在学习过程中，应当特别关注以下条款：第五条"进入学校的人员，必须持有本校的学生证、工作证、听课证或者学校颁发的其他进入学校的证章、证件。未持有前款规定的证章、证件的国内人员进入学校，应当向门卫登记后进入学校"的规定；第六条"国内新闻记者进入学校采访，必须持有记者证和采访介绍信，在通知学校有关机构后，方可进入学校采访。外国新闻记者和港澳台新闻记者进入学校采访，必须持有学校所在省、自治区、直辖市人民政府外事机关或港澳台办的介绍信和记者证，并在进校采访前与学校外事机构联系，经许可后方可进入学校采访"的规定；第九条"学生一般不得在学生公寓留宿校外人员，遇有特殊情况留宿校外人员，应当报请学校有关机构许可，并且进行留宿登记，留宿人离校应注销登记。不得在学生公寓内留宿异性。违反前款规定的，学校保卫机构可以责令留宿人离开学生公寓"的规定；第十条"告示、通知、启事、广告等，应当张贴在学校指定或者许可的地点。散发宣传品、印刷品应当经过学校有关机构同意。对于张贴、散发反对我国宪法确立的根本制度、损害国家利益或者侮辱诽谤他人的公开张贴物、宣传品和印刷品的当事者，由司法机关依法追究其法律责任"的规定；第十二条"在校内举行集会、讲演等公共活动，组织者必须在 72 小时前向学校有关机构提出申请，申请中应当说明活动的目的、人数、时间、地点和负责人的姓名。学校有关机构应当至迟在举行时间的 4 小时前将许可或者不许可的决定通知组织者。逾期未通知的，视为许可。集会、讲演等应符合我国的教育方针和相应的法规、规章，不得反对我国宪法确立的根本制度，不得干扰学校的教学、科研和生活秩序，不得损害国家财产和其他公民的权利"的规定；第十三条"在校内组织讲座、报告等室内活动，组织者应当在 72 小时前向学校有关机构提出申请，申请中应当说明活动的内容、报告人和负责人的姓名。学校有关机构应当至迟在举行时间的 4 小时前将许可或者不许可的决定通知组织者。逾期未通知的，视为许可。讲座、报告等不得反对我国宪法确立的根本制度，不得违反我国的教育方针，不得宣传封建迷信，不得进行宗教活动，不得干扰学校的教学、科研和生活秩序"的规定。

2.《学生伤害事故处理办法》

《学生伤害事故处理办法》于 2002 年 3 月 26 日由教育部发布，后经一次修正。《学生伤害事故处理办法》共六章、四十条。在学习过程中，应当特别关注以下条款：第九条"因下列情形之一造成的学生伤害事故，学校应当依法承担相应的责任：（一）学校的校舍、场地、其他公共设施，以及学校提供给学生使用的学具、教育教学和生活设施、设备不符合国家规定的标准，或者有明显不安全因素的；（二）学校的安全保卫、消防、设施设备管理等安全管理制度有明显疏漏，或者管理混乱，存在重大安全隐患，而未及时采取措施的；（三）学校向学生提供的药品、食品、饮用水等不符合国家或者行业的有关标准、要求的；（四）学校组织学生参加教育教学活动或者校外活动，未对学生进行相应的安全教育，并未在可预见的范围内采取必要的安全措施的；（五）学校知道教师或者其他工作人员患有不适宜担任教育教学工作的疾病，但未采取必要措施的；（六）学校违反有关规定，组织或者安排未成年学生从事不宜未成年人参加的劳动、体育运动或者其他活动的；（七）学生有特异体质或者特定疾病，不宜参加某种教育教学活动，学校知道或者应当知道，但未予以必要的注意的；（八）学生在校期间突发疾病或者受到伤害，学校发现，但未根据实际情况及时采取相应措施，导致不良后果加重的；（九）学校教师或者其他工作人员体罚或者变相体罚学生，或者在履行职责过程中违反工作要求、操作规程、职业道德或者其他有关规定的；（十）学校教师或者其他工作人员在负有组织、管理未成年学生的职责期间，发现学生行为具有危险性，但未进行必要的管理、告诫或者制止的；（十一）对未成年学生擅自离校等与学生人身安全直接相关的信息，学校发现或者知道，但未及时告知未成年学生的监护人，导致未成年学生因脱离监护人的保护而发生伤害的；（十二）学校有未依法履行职责的其他情形的"的规定；第十条"学生或者未成年学生监护人由于过错，有下列情形之一，造成学生伤害事故，应当依法承担相应的责任：（一）学生违反法律法规的规定，违反社会公共行为准则、学校的规章制度或者纪律，实施按其年龄和认知能力应当知道具有危险或者可能危及他人的行为的；（二）学生行为具有危险性，学校、教师已经告诫、纠正，但学生不听劝阻、拒不改正的；（三）学生或者其监护人知道学生有特异体质，或者患有特定疾病，但未告知学校的；（四）未成年学生的身体状况、行为、情绪等有异常情况，监护人知道或者已被学校告知，但未履行相应监护职责的；（五）学生或者未成年学生监护人有其他过错的”的规定；第十一条"学校安排学生参加活动，因提供场地、设备、交通工具、食品及其他消费与服务的经营者，或者学校以外的活动组织者的过错造成的学生伤害事故，有过错的当事人应当依法承担相应的责任"的规定；第十二条"因下列情形之一造成的学生伤害事故，学校已履行了相应职责，行为并无不当的，无法律责任：（一）地震、雷击、台风、洪水等不可抗的自然因素造成的；（二）来自学校外部的突发性、偶发性侵害造成的；（三）学生有特异体质、特定疾病或者异常心理状态，学校不知道或者难于知道的；（四）学生自杀、自伤的；（五）在对抗性或者具有风险性的体育竞赛活动中发生意外伤害的；（六）其他意外因素造成的"的规定；第十三条"下列情形下发生的造成学生人身损害后果的事故，学校行为并无不当的，不承担事故责任；事故责任应当按有关法律法规或者其他有关规定认定：（一）在学生自行上学、放学、返校、离校途中发生的；（二）在学生自行外出或者擅自离校期间发生的；（三）在放学后、节假日或者假期等学校工作时间以外，学生自行滞留学校或者自行到校发生的；（四）其他在学校管理职责范围外发生的"的规定；第十四条"因学校教师或者其他工作人员与其职务无关的个人行为，或者因学生、教师及其他个人故意实施的违法犯罪行为，造成学生人身损害的，由致害人依法承担相应的责任"的规定；第十八条"发生学生伤害事故，学校与受伤害学生或者学生家长可以通过协商方式解决；双方自愿，可以书面请求主管教育行政部门进行调解。成年学生或者未成年学生的监护人也可以依法直接提起诉讼"的规定；第二十六条"学校对学生伤害事故负有责任的，根据责任大小，适当予以经济赔偿，但不承担解决户口、住房、就业等与救助受伤害学生、赔偿相应经济损失无直接关系的其他事项。学校无责任的，如果有条件，可以根据实际情况，本着自愿和可能的原则，对受伤害学生给予适当的帮助"的规定；第二十七条"因学校教师或者其他工作人员在履行职务中的故意或者重大过失造成的学生伤害事故，学校予以赔偿后，可以向有关责任人员追偿"的规定；第二十八条"未成年学生对学生伤害事故负有责任的，由其监护人依法承担相应的赔偿责任。学生的行为侵害学校教师及其他工作人员以及其他组织、个人的合法权益，造成损失的，成年学生或者未成年学生的监护人应当依法予以赔偿"的规定；第三十二条"发生学生伤害事故，学校负有责任且情节严重的，教育行政部门应当根据有关规定，对学校的直接负责的主管人员和其他直接责任人员，分别给予相应的行政处分；有关责任人的行为触犯刑律的，应当移送司法机关依法追究刑事责任"的规定；第三十三条"学校管理混乱，存在重大安全隐患的，主管的教育行政部门或者其他有关部门应当责令其限期整顿；对情节严重或者拒不改正的，应当依据法律法规的有关规定，给予相应的行政处罚"的规定；第三十五条"违反学校纪律，对造成学生伤害事故负有责任的学生，学校可以给予相应的处分；触犯刑律的，由司法机关依法追究刑事责任"的规定；第三十六条"受伤害学生的监护人、亲属或者其他有关人员，在事故处理过程中无理取闹，扰乱学校正常教育教学秩序，或者侵犯学校、学校教师或者其他工作人员的合法权益的，学校应当报告公安机关依法处理；造成损失的，可以依法要求赔偿"的规定。

3.《普通高等学校学生管理规定》

《普通高等学校学生管理规定》于 1990 年 1 月 20 日由原国家教育委员会发布，后经两次修正。《普通高等学校学生管理规定》共七章、六十八条。在学习过程中，应当特别关注以下条款：第三十九条"学校、学生应当共同维护校园正常秩序，保障学校环境安全、稳定，保障学生的正常学习和生活"的规定；第四十一条"学生应当自觉遵守公民道德规范，自觉遵守学校管理制度，创造和维护文明、整洁、优美、安全的学习和生活环境，树立安全风险防范和自我保护意识，保障自身合法权益"的规定；第四十二条"学生不得有酗酒、打架斗殴、赌博、吸毒，传播、复制、贩卖非法书刊和音像制品等违法行为；不得参与非法传销和进行邪教、封建迷信活动；不得从事或者参与有损大学生形象、有悖社会公序良俗的活动。学校发现学生在校内有违法行为或者严重精神疾病可能对他人造成伤害的，可以依法采取或者协助有关部门采取必要措施"的规定；第四十三条"学校应当坚持教育与宗教相分离原则。任何组织和个人不得在学校进行宗教活动"的规定；第四十四条第二、第三款"学生可以在校内成立、参加学生团体。学生成立团体，应当按学校有关规定提出书面申请，报学校批准并施行登记和年检制度。学生团体应当在宪法、法律、法规和学校管理制度范围内活动，接受学校的领导和管理。学生团体邀请校外组织、人员到校举办讲座等活动，需经学校批准"的规定；第四十五条"学校提倡并支持学生及学生团体开展有益于身心健康、成长成才的学术、科技、艺术、文娱、体育等活动。学生进行课外活动不得影响学校正常的教育教学秩序和生活秩序。学生参加勤工助学活动应当遵守法律、法规以及学校、用工单位的管理制度，履行勤工助学活动的有关协议"的规定；第四十六条"学生举行大型集会、游行、示威等活动，应当按法律程序和有关规定获得批准。对未获批准的，学校应当依法劝阻或者制止"的规定；第四十七条"学生应当遵守国家和学校关于网络使用的有关规定，不得登录非法网站和传播非法文字、音频、视频资料等，不得编造或者传播虚假、有害信息；不得攻击、侵入他人计算机和移动通讯网络系统"的规定；第四十八条"学校应当建立健全学生住宿管理制度。学生应当遵守学校关于学生住宿管理的规定。鼓励和支持学生通过制订公约，实施自我管理"的规定。

4.《普通高等学校辅导员队伍建设规定》

《普通高等学校辅导员队伍建设规定》于 2006 年 5 月 20 日由教育部发布，后经一次修正。《普通高等学校辅导员队伍建设规定》共六章、二十二条。在学习过程中，应当特别关注以下条款：第五条第五、第六、第七项"（五）心理健康教育与咨询工作。协助学校心理健康教育机构开展心理健康教育，对学生心理问题进行初步排查和疏导，组织开展心理健康知识普及宣传活动，培育学生理性平和、乐观向上的健康心态。（六）网络思想政治教育。运用新媒体新技术，推动思想政治工作传统优势与信息技术高度融合。构建网络思想政治教育重要阵地，积极传播先进文化。加强学生网络素养教育，积极培养校园好网民，引导学生创作网络文化作品，弘扬主旋律，传播正能量。创新工作路径，加强与学生的网上互动交流，运用网络新媒体对学生开展思想引领、学习指导、生活辅导、心理咨询等。（七）校园危机事件应对。组织开展基本安全教育。参与学校、院（系）危机事件工作预案制定和执行。对校园危机事件进行初步处理，稳定局面控制事态发展，及时掌握危机事件信息并按程序上报。参与危机事件后期应对及总结研究分析"

的规定。

（四）其他规范性文件

其他规范性文件是指行政机关及被授权组织为实施法律和执行政策，在法定权限内制定的除行政法规和规章以外的决定、命令等普遍性行为规则的总称。

1.《中共教育部党组关于印发〈高等学校学生心理健康教育指导纲要〉的通知》（教党〔2018〕41号）

通知指出，高等学校学生心理健康教育的指导思想是深入学习贯彻习近平新时代中国特色社会主义思想，全面贯彻党的教育方针，把立德树人的成效作为检验学校一切工作的根本标准，着力培养德智体美全面发展的社会主义建设者和接班人。坚持育心与育德相统一，加强人文关怀和心理疏导，规范发展心理健康教育与咨询服务，更好地适应和满足学生心理健康教育服务需求，引导学生正确认识义和利、群和己、成和败、得和失，培育学生自尊自信、理性平和、积极向上的健康心态，促进学生心理健康素质与思想道德素质、科学文化素质协调发展。总体目标是教育教学、实践活动、咨询服务、预防干预"四位一体"的心理健康教育工作格局基本形成。心理健康教育的覆盖面、受益面不断扩大，学生心理健康意识明显增强，心理健康素质普遍提升。常见精神障碍和心理行为问题预防、识别、干预能力和水平不断提高。学生心理健康问题关注及时、措施得当、效果明显，心理疾病发生率明显下降。基本原则是科学性与实效性相结合、普遍性与特殊性相结合、主导性与主体性相结合、发展性与预防性相结合。主要任务是推进知识教育、开展宣传活动、强化咨询服务、加强预防干预。

2.《教育部关于加强大中小学国家安全教育的实施意见》（教思政〔2018〕1号）

通知指出，加强大中小学国家安全教育的总体要求是全面贯彻落实党的十九大精神，以习近平新时代中国特色社会主义思想为指导，坚持和加强党对国家安全教育的领导，全面落实党的教育方针，服务统筹推进"五位一体"总体布局和协调推进"四个全面"战略布局，牢固树立和认真贯彻总体国家安全观，坚持"系统设计、整体谋划，尊重规律、注重实效，部门联动、协同推进"的工作原则，以国家安全战略需求为导向，弘扬爱国主义主旋律，夯实国家安全人才基础，构建国家安全教育体系，为实现"两个一百年"奋斗目标、实现中华民族伟大复兴的中国梦提供坚实的国家安全教育保障。加强大中小学国家安全教育的目标任务是构建中国特色国家安全教育体系，把国家安全教育覆盖国民教育各学段，融入教育教学活动各层面，贯穿人才培养全过程，实现国家安全教育进学校、进教材、进头脑，提升学生国家安全意识，提高维护国家安全能力，强化责任担当，筑牢国家安全防线，培养德智体美全面发展的社会主义建设者和接班人，培养担当民族复兴大任的时代新人。重点工作是构建完善国家安全教育内容体系、研究开发国家安全教育教材、推动国家安全学学科建设、改进国家安全教育教学活动、推进国家安全教育实践基地建设、丰富国家安全教育资源、加强国家安全教育师资队伍建设、建立健全国家安全教育教学评价机制。

3.《教育部等十一部门关于印发〈加强中小学生欺凌综合治理方案〉的通知》（教督〔2017〕10号）

通知指出，加强中小学生欺凌综合治理的指导思想是以习近平新时代中国特色社会主义思想为指导，全面贯彻党的教育方针，落实立德树人根本任务，大力培育和弘扬社会主义核心价值观，不断提高中小学生思想道德素质，健全预防、处置学生欺凌的工作体制和规章制度，以形成防治中小学生欺凌长效机制为目标，以促进部门协作、上下联动、形成合力为保障，确保中小学生欺凌防治工作落到实处，把校园建设成最安全、最阳光的地方，办好人民满意的教育，为培养德智体美全面发展的社会主义建设者和接班人创造良好条件。基本原则是坚持教育为先、坚持预防为主、坚持保护为要、坚持法治为基。通知指出，中小学生欺凌是发生在校园（包括中小学校和中等职业学校）内外、学生之间，一方（个体或群体）单次或多次蓄意或恶意通过肢体、语言及网络等手段实施欺负、侮辱，造成另一方（个体或群体）身体伤害、财产损失或精神损害等的事件。在实际工作中，要严格区分学生欺凌与学生间打闹嬉戏的界定，正确合理处理。通知指出，关于教育惩戒，情节轻微的一般欺凌事件，由学校对实施欺凌学生开展批评、教育。实施欺凌学生应向被欺凌学生当面或书面道歉，取得谅解。对于反复发生的一般欺凌事件，学校在对实施欺凌学生开展批评、教育的同时，可视具体情节和危害程度给予纪律处分。情节比较恶劣、对被欺凌学生身体和心理造成明显伤害的严重欺凌事件，学校对实施欺凌学生开展批评、教育的同时，可邀请公安机关参与警示教育或对实施欺凌学生予以训诫，公安机关根据学校邀请及时安排人员，保证警示教育工作有效开展。学校可视具体情节和危害程度给予实施欺凌学生纪律处分，将其表现记入学生综合素质评价。屡教不改或者情节恶劣的严重欺凌事件，必要时可将实施欺凌学生转送专门（工读）学校进行教育。未成年人送专门（工读）学校进行矫治和接受教育，应当按照《中华人民共和国预防未成年人犯罪法》有关规定，对构成有严重不良行为的，按专门（工读）学校招生入学程序报有关部门批准。涉及违反治安管理或者涉嫌犯罪的学生欺凌事件，处置以公安机关、人民法院、人民检察院为主。教育行政部门和学校要及时联络公安机关依法处置。各级公安、人民法院、人民检察院依法办理学生欺凌犯罪案件，做好相关侦查、审查逮捕、审查起诉、诉讼监督和审判等工作。对有违法犯罪行为的学生，要区别不同情况，责令其父母或者其他监护人严加管教。对依法应承担行政、刑事责任的，要做好个别矫治和分类教育，依法利用拘留所、看守所、未成年犯管教所、社区矫正机构等场所开展必要的教育矫治；对依法不予行政、刑事处罚的学生，学校要给予纪律处分，非义务教育阶段学校可视具体情节和危害程度给予留校察看、勒令退学、开除等处分，必要时可按照有关规定将其送专门（工读）学校。对校外成年人采取教唆、胁迫、诱骗等方式利用在校学生实施欺凌进行违法犯罪行为的，要根据《中华人民共和国刑法》及有关法律规定，对教唆未成年人犯罪的依法从重处罚。

4.《中国银监会、教育部、人力资源社会保障部关于进一步加强校园贷规范管理工作的通知》（银监发〔2017〕26号）

通知指出，各高校要把校园贷风险防范和综合整治工作作为当前维护学校安全稳定的重大工作来抓，完善工作机制，建立党委负总责、有关部门各负其责的管控体系，切实担负起教育管理学生的主体责任。一是加强教育引导。积极开展常态化、丰富多彩的消费观、金融理财知识及法律法规常识教育，培养学生理性消费、科学消费、勤俭节约、自我保护等意识。现阶段，应向每一名学生发放校园贷风险告知书并签字确认，每学期至少集中开展一次校园贷专项宣传教育活动，加强典型案例通报警示教育，让学生深刻认识不良校园贷危害，提醒学生远离不良校园贷。二是建立排查整治机制。开展校园贷集中排查，加强校园秩序管理。未经校方批准，严禁任何人、任何组织在校园内进行各种校园贷业务宣传和推介，及时清理各类借贷小广告。畅通不良校园贷举报渠道，鼓励教职员工和学生对发现的不良校园贷线索进行举报。对未经校方批准在校宣传推介、组织引导学生参与校园贷或利用学生身份证件办理不良校园贷的教职工或在校学生，要依规依纪严肃查处。三是建立应急处置机制。对于发现的学生参与不良校园贷事件要及时告知学生家长，并会同学生家长及有关方面做好应急处置工作，将危害消灭在初始状态。同时，对发现的重大事件要及时报告当地金融监管部门、公安部门、教育主管部门。四是切实做好学生资助工作。帮助每一名家庭经济困难学生解决好学费、住宿费和基本生活费等方面困难。五是建立不良校园贷责任追究机制。对校内有关部门和院系开展校园贷教育、警示、排查、处置等情况进行定期检查，凡责任落实不到位的，要追究有关部门、院系和相关人员责任。对因校园贷引发恶性事件或造成重大案件的，教育主管部门要倒查倒追有关高校及相关责任人，发现未开展宣传教育、风险警示、排查处置等工作的，予以严肃处理。

5.《教育部办公厅关于防范学生溺水事故的预警通知》（教督厅函〔2018〕4号）

通知指出，坚持预防为主，进一步加强防溺水安全教育；坚持综合施策，进一步筑牢防溺水安全防线；坚持问题导向，进一步强化防溺水监督检查。深入开展防溺水"六不"宣传，即不私自下水游泳，不擅自与他人结伴游泳，不在无家长或教师带领的情况下游泳，不到无安全设施、无救援人员的水域游泳，不到不熟悉的水域游泳，不熟悉水性的学生不擅自下水施救。

6.《教育部、司法部、全国普法办关于印发〈青少年法治教育大纲〉的通知》（教政法〔2016〕13号）

通知指出，青少年法治教育的指导思想是开展青少年法治教育，要高举中国特色社会主义伟大旗帜，以邓小平理论、"三个代表"重要思想、科学发展观为指导，深入贯彻习近平总书记系列重要讲话精神，全面贯彻党的教育方针，以培育和践行社会主义核心价值观为主线，以宪法教育为核心，把法治教育融入学校教育的各个阶段，全面提高青少年法治观念和法律意识，使尊法学法守法用法成为青少年的共同追求和自觉行动。工作要求是以社会主义核心价值观为主线；以宪法教育为核心，以权利义务教育为本位；以贴近青少年实际、提高教育效果为目的；以构建系统完整的法治教育体系为途径。青少年法治教育的总体目标是以社会主义核心价值观为引领，普及法治知识，养成守法意识，使青少年了解、掌握个人成长和参与社会生活必需的法律常识和制度、明晰行为规则，自觉遵法、守法；规范行为习惯，培育法治观念，增强青少年依法规范自身行为、分辨是非、运用法律方法维护自身权益、通过法律途径参与国家和社会生活的意识和能力；践行法治理念，树立法治信仰，引导青少年参与法治实践，形成对社会主义法治道路的价值认同、制度认同，成为社会主义法治的忠实崇尚者、自觉遵守者、坚定捍卫者。高等教育阶段的目标是进一步深化对法治理念、法治原则、重要法律概念的认识与理解，基本掌握公民常用法律知识，基本具备以法治思维和法治方式维护自身权利、参与社会公共事务、化解矛盾纠纷的能力，牢固树立法治观念，认识全面依法治国的重大意义，坚定走中国特色社会主义法治道路的理想和信念。青少年法治教育的总体内容是青少年法治教育要以法律常识、法治理念、法治原则、法律制度为核心，围绕青少年的身心特点和成长需求，结合青少年与家庭、学校、社会、国家的关系，分阶段、系统安排公民基本权利义务、家庭关系、社会活动、公共生活、行政管理、司法制度、国家机构等领域的主要法律法规以及我国签署加入的重要国际公约的核心内容；按不同的层次和深度，将自由、平等、公正、民主、法治等理念，宪法法律至上、权利保障、权力制约、程序正义等法治原则，立法、执法、司法以及权利救济等法律制度，与法律常识教育相结合，在不同学段的教学内容中统筹安排、层次递进。高等教育阶段的具体内容是在义务教育和高中阶段教育的基础上，针对非法律专业的学生，根据高等教育阶段法治教育的目的，系统介绍中国特色社会主义法学理论体系的基本内涵；掌握法治国家的基本原理，知晓法治的中西源流；明确全面推进依法治国的战略目标、道路选择和社会主义法治体系建设的内容与机制；了解法治的政治、经济、文化、社会和国情基础，理解法治的核心理念和原则；掌握宪法基本知识，了解中国特色社会主义法律体系中的基本法律原则、法律制度及民事、刑事、行政法律等重要、常用的法律概念、法律规范；增加法治实践，提高运用法律知识分析、解决实际问题的意识和能力。关于青少年法治教育的实施途径，在主题教育方面，要充分利用主题教育、校园文化、党团队活动、学生社团活动、社会实践活动等多种载体，全过程、全要素开展法治教育。要将安全教育、廉政教育、民族团结教育、国防教育、交通安全教育、禁毒教育等专题教育，与法治教育内容相整合，一体化设计教学方案。深入开展"法律进学校"活动。充分利用国家宪法日、国防教育日、国家安全教育日、全国消防日、全国交通安全日、国际禁毒日、世界知识产权日、消费者权益日等，普及相关法律知识，开展形式多样、丰富多彩的主题教育活动。在入学仪式、开学典礼和毕业典礼、成人仪式等活动中，融入法治教育，积极引导学生自主参与、体验感悟。在校园法治文化建设方面，要全面落实依法治校要求，把法治精神、法治思维和法治方式落实在学校教育、管理和服务的各个环节，建立健全学校章程、相关规章制度，完善学生管理、服务以及权利救济制度，实现环境育人。广泛开展模拟法庭、法律知识竞赛、法律情景剧展演、辩论会、理论研讨、法治社会实践、志愿服务等法治实践活动。在校园建设中要主动融入法治元素，利用宣传栏、招贴画、名言警句等校园文化载体，宣传法律知识、法治精神，营造校园法治教育氛围。在学生自我教育方面，要根据学生实际，引导、支持学生自主制定规则、公约等，逐步培养学生参与群体生活、自主管理、民主协商的能力，养成按规则办事的习惯，引导学生在学校生活的实践中感受法治力量，培养法治观念。具备条件的，要积极支持学生组建法治兴趣小组、法治实践社团等，加以正确引导，使学生以适当方式研究法治问题、参与法治实践。

7.《教育部关于印发〈学校体育运动风险防控暂行办法〉的通知》（教体艺〔2015〕3号）

通知指出，体育运动伤害事故发生后，学校应当按照体育运动伤害事故处理预案要求及时实施或组织救助，并及时与学生家长进行沟通。发生体育运动伤害事故，情形严重的，学校应当及时向主管教育行政部门报告；属于重大伤亡事故的，主管教育行政部门应当按照有关规定及时向同级人民政府和上一级教育行政部门报告。体育运动伤害事故处理结束，学校应当将处理结果书面报主管教育行政部门；重大伤亡事故的处理结果，主管教育行政部门应当向同级人民政府和上一级教育行政部门报告。学校应当依据《学生伤害事故处理办法》和相关法律法规依法妥善处理体育运动伤害事故。

8.《教育部关于印发〈高等学校辅导员职业能力标准（暂行）〉的通知》（教思政〔2014〕2号）

通知指出，辅导员职业等级包括初级、中级、高级三个等级，并分别对其职业能力标准作出相应规定。在心理健康教育与咨询方面，初级辅导员应到做到：（一）协助学校心理健康教育机构开展心理筛查；（二）对学生进行初步心理问题排查和疏导；（三）组织开展心理健康教育宣传活动。中级辅导员应当做到：（一）心理问题严重程度的识别与严重个案的转介；（二）心理测验的实施；（三）有效开展学生心理疏导工作；（四）初步开展心理危机的识别与干预；（五）相对系统地组织开展心理健康教育活动。高级辅导员应当做到总结凝练实践工作经验，深入研究把握心理健康教育的规律，成为心理健康教育专家。在网络思想政治教育方面，初级辅导员应当做到：（一）构建网络思想政治教育重要阵地，有效传播先进文化、弘扬主旋律；（二）拓展工作途径，加强与学生的网上互动交流，运用网络平台为学生提供学习、生活、就业心理咨询等服务；（三）及时了解网络舆情信息，密切关注学生的网络动态，敏锐把握一些苗头性、倾向性、群体性问题。中级辅导员应当做到：（一）综合利用传统、网络媒体，统筹协调网上、网下工作；（二）引导学生在网上自我教育、自我管理和自我服务，教育学生在网上自我约束、自我保护；（三）围绕学生关注的重点、热点和难点问题，进行有效舆论引导；丰富网上宣传内容，把握网络舆论的话语权和主导权。高级辅导员应当做到熟练应用现代信息技术，结合丰富的网络思想政治教育工作经验，深入研究把握网络传播的规律、研判网上学生思想动态，成为网络思想政治教育专家。在危机事件应对方面，初级辅导员应当做到：（一）对危机事件作初步处理，努力稳定并控制局面；（二）了解事件相关信息并及时逐级上报；（三）组织基本安全教育并建立基层应急队伍。中级辅导员应当做到：（一）指导初级辅导员对危机事件作初步处理，稳定并控制局面；（二）对事件相关信息做好全面汇总和准确分析并及时与有关部门沟通；（三）对事件发展及其影响进行持续关注与跟踪；（四）组织安全教育课程学习。高级辅导员应当做到：（一）对危机事件进行分类分级，并做出预判；（二）协调相关部门妥善处理危机事件，稳定工作局面；（三）总结经验，对工作进行改进，完善预警和应对机制；（四）总结凝练实践工作经验，深入研究把握危机事件应对的规律，成为校园公共危机管理专家。

9.《教育部、公安部、国家工商行政管理总局关于开展防止传销进校园工作的通知》（教思政〔2007〕14号）

通知指出，要把防范传销作为新生入学教育、毕业生就业指导和离校教育的重要内容，组织开展有声有色、入心入脑的专题教育。要充分运用广播电视、校报校刊、校园网络等各种载体，通过召开座谈会、散发宣传资料、组织专题展览等多种形式，营造抵制传销的良好氛围。要加强对校内讲坛、论坛、讲座和报告会等的管理，加强校园安全巡逻，严禁任何传销组织及人员在校园内进行任何形式的宣传、蛊惑及诱骗活动。在日常工作中发现学生参与传销活动，要及时向公安机关、工商行政管理机关反映，配合做好调查处理工作。要充分发挥思想政治工作队伍的作用，组织辅导员班主任深入学生班级、公寓，及时了解和掌握学生思想动态，一旦发现学生有参与传销的苗头，要及时教育阻止。要充分发挥党团组织在教育、团结和联系学生方面的优势，注重依托班级、社团等组织形式，引导学生自我教育、自我管理、自我服务，把抵御传销的客观要求内化为学生的自觉行动。要针对寒暑假以及学生开展社会实践、联系工作等重点时段，突出传销活动相对集中的重点地区，采取切实可行的措施方法，加强对外出实习学生、毕业班学生等重点学生群体的教育和管理。要做好受骗参加过传销活动学生的教育、安抚工作，消除不良影响和隐患。对极少数不服从教育管理，多次参加传销活动或在传销活动中起重要作用的学生，要按照学生管理规章制度，给予必要的纪律处分。

二、内部规章制度

规章制度是指按规定程序制定和发布，用以规范本单位组织、生产、经营、管理等活动的文件，包括通则、办法、规定、规则、准则、细则等。

（一）公司规章制度

1.《国家电网公司安全工作规定》（国网〔安监/2〕406—2014）

在学习过程中，应当特别关注以下条款：第六条"公司各级单位应贯彻'谁主管谁负责、管业务必须管安全'的原则，做到计划、布置、检查、总结、考核业务工作的同时，计划、布置、检查、总结、考核安全工作"的规定；第九条第一、第七项"省（直辖市、自治区）电力公司和公司直属单位（以下简称'省公司级单位'）的安全目标：（一）不发生人身死亡事故；（七）不发生其他对公司和社会造成重大影响的事故（事件）"的规定；第十五条"公司各级单位的各部门、各岗位应有明确的安全管理职责，做到责任分担，并实行下级对上级的安全逐级负责制。安全保证体系对业务范围内的安全工作负责，安全监督体系负责安全工作的综合协调和监督管理"的规定。

2.《国家电网公司值班重大事项请示报告管理办法》（国网〔办/4〕292—2014）

在学习过程中，应当特别关注以下条款：第六条第三、第八项"必须向公司总部报送的值班重大事项包括：（三）非生产类重大事项：2.公司有关专业应急预案规定的一般及以上级别电力服务事件、重要保电事件、突发群体事件和涉外突发事件；3.发生或可能发生对公司品牌形象、声誉造成重大负面影响的舆情。（八）其他认为需要请示报告的重大事项"的规定；第九条"发生值班重大事项后，县公司级单位应在1小时内以电话形式向地市公司级单位报告，书面报告不应晚于2小时；地市公司级单位应在1.5小时内以电话形式向省公司级单位报告，书面报告不应晚于3小时；省公司级单位应在2小时内以电话形式向公司总部报告，书面报告不应晚于4小时"的规定。

3.《国家电网公司新入职高校毕业生培养管理办法》（国网〔人资/4〕701—2017〔F〕）

在学习过程中，应当特别关注以下条款：第十九条"新员工入职培养期间，应遵守公司、各单位、国网技术学院各项规章制度"的规定；第二十条"新员工在入职培养期间有以下情形之一，依法解除劳动合同：（一）连续旷工（课）15日及以上，或累计旷工（课）时间30日及以上的；（二）实习定岗或集中培训期内经考核认定无法胜任岗位工作要求，经再次培训或调整实习岗位，仍不能胜任岗位工作的；（三）同时与其他单位建立劳动关系的；（四）严重违规违纪，给公司造成重大经济损失或负面影响的；（五）在试用期内，被证明不符合录用条件的；（六）其他应予解除劳动合同的情形"的规定。

4.《国网人资部关于进一步严肃培训纪律加强培训学员安全管理的通知》（人资培〔2017〕56号）

一是严肃培训管理纪律。培训机构要通过入学教育、班会等多种渠道，强调学员培训安全，明确培训纪律，将管理要求传达到每名学员。培训期间必须在培训机构住宿就餐，禁止外出聚餐饮酒，严格执行八项规定，班级、小组、学员之间不得相互宴请。学员外出必须严格履行请销假制度，无故旷课或擅自离开培训机构者通知送培单位，按公司有关规定处理。二是严格跟班值班制度。培训机构要选派责任心强、熟悉培训管理业务的人员担任班主任，主办部门需安排专人跟班管理，共同做好培训组织与学员管理工作。跟班人员需掌握急救常识和基本技术，外出参观或实训应配备急救药品。培训机构与主办部门要建立健全24小时值班制度，确保联系畅通。三是健全应急处置机制。培训机构是培训学员安全管理的责任主体，要进一步明晰安全管理职责和应急处置流程，责任落实到人。建立健全定期自查、整改及安全责任追究机制，完善应急定点医院联系机制，定期组织开展演练，提升应急处置速度。四是强化送培单位责任。送培单位必须提前了解拟送培学员身体健康状况，对不宜送培的要调换人选或推迟送培。要指定专人与培训机构保持联系，及时沟通培训情况。在送培前向学员宣贯说明培训要求，督促学员严格遵守培训纪律。五是加强培训机构管理。各单位要将培训安全纳入培训机构业绩考核，建立健全安全督查常态机制，定期或不定期对培训机构的安全管理进行检查和抽查，发现问题及时整改，限期销号，确保培训学员安全。

（二）学校规章制度

1.《国家电网有限公司技术学院分公司新员工集中培训班学员请销假管理办法》（技术学院学工〔2019〕46号）

在学习过程中，应当特别关注以下条款：第八条"学员因病、因事请假，应当填写《国家电网有限公司技术学院分公司新员工集中培训班学员请销假单》并根据请假时长分别履行以下审批手续：（一）1天（含）以内的，由辅导员批准；（二）1天以上、2天（含）以内的，由校区工作部、分院、合作基地学工处批准，离开培训机构所在地的，还需提交所在单位人力资源部书面申请；（三）2天以上、4天（含）以内的，由所在单位人力资源部书面申请，校区工作部、分院、合作基地学工负责人批准；（四）5天（含）以上的，由省公司级送培单位人力资源部书面申请，校区工作部、分院、合作基地主要负责人批准"的规定；第九条"学员请假时应当提供有关证明材料。请假期满，学员应当到辅导员处办理销假手续。《国家电网有限公司技术学院分公司新员工集中培训班学员请销假单》由辅导员保存"的规定；第十条"培训期间，学员必须在校区工作部、分院、合作基地内部住宿就餐。周末节假日期间离开校区工作部、分院、合作基地的，应当提前填写《国家电网有限公司技术学院分公司新员工集中培训班学员周末节假日期间离院登记表》，且必须在夜间规定时间返回校区工作部、分院、合作基地内部住宿（国家规定的法定节日除外）。不在内部住宿的，在《国家电网有限公司技术学院分公司新员工集中培训班学员周末节假日期间离院登记表》'备注'栏中注明，不再另外填写《国家电网有限公司技术学院分公司新员工集中培训班学员请销假单》"的规定；第十一条"学员请假情况纳入学员综合素质考评成绩（周末节假日休息期间白天离院请假情况除外），每请假1课时，事假扣除 0.5 分、病假扣除 0.2 分。办理请假手续后不在校区工作部、分院、合作基地内部住宿的，扣除 0.5 分（国家规定的法定节日除外）"的规定；第十二条"学员未办理请假手续而擅自缺课或者无故超假的，按旷课处理"的规定。

2.《国家电网有限公司技术学院分公司新员工集中培训班学员违纪处分管理办法》（技术学院学工〔2019〕46 号）

在学习过程中，应当特别关注以下条款：第八条"学员违纪处分的种类包括：（一）警告；（二）严重警告；（三）终止培训退回原单位。学员有违纪行为，但情节轻微，不足以给予上述处分的，校区工作部、分院、合作基地应当给予其通报批评，督促改正错误"的规定；第九条"违纪学员有下列情形之一的，应当从重处罚：（一）事实清楚，但拒不承认，态度恶劣的；（二）违纪行为造成严重后果的；（三）教唆、胁迫、诱骗其他学员违纪的；（四）对有关人员打击报复的；（五）多人违纪行为中起主要作用的；（六）第二次违纪的；（七）其他应当从重处罚的情形"的规定；第十条"违纪学员有下列情形之一的，应当从轻处罚：（一）主动承认错误并及时改正的；（二）主动消除或者减轻违纪影响的；（三）出于他人胁迫或者诱骗而违纪的；（四）其他应当从轻处罚的情形"的规定；第十一条"同一违纪行为同时满足本办法规定的两种及以上违纪行为表现的，选择较重的处分种类进行处分"的规定；第十二条"屡教不改，第三次违纪的，给予终止培训退回原单位处分"的规定；第十三条"违纪行为同时侵犯人身权或者财产权的，违纪学员应当同时承担相应的法律责任"的规定；第十四条"发生违法行为，被行政机关处以行政拘留处罚或者刑事处罚的，给予终止培训退回原单位处分"的规定；第十五条"发表不当或者不实言论，对公司、学院或者其他个人造成不良影响的，视情节轻重，给予警告或者严重警告或者终止培训退回原单位处分；不当言论内容涉及反对党和国家的路线、方针、政策的，给予终止培训退回原单位处分"的规定；第十六条"组织或者参与群体事件，影响学院正常的培训或者生活秩序的，对参与者视情节轻重，给予警告或者严重警告处分；对组织者视情节轻重，给予严重警告或者终止培训退回原单位处分"的规定；第十七条"打架斗殴的，对参与者视情节轻重，给予警告或者严重警告处分；对组织者视情节轻重，给予严重警告或者终止培训退回原单位处分"的规定；第十八条"侮辱、诽谤他人的，视情节轻重，给予警告或者严重警告处分；造成严重后果的，给予终止培训退回原单位处分"的规定；第十九条"在院区内盗窃、诈骗、哄抢、抢夺、敲诈勒索或者故意损毁公私财物的，视情节轻重，给予警告或者严重警告处分；造成严重后果的，给予终止培训退回原单位处分"的规定；第二十条"在院区内赌博的，对参与者视情节轻重，给予警告或者严重警告处分；对组织者视情节轻重，给予严重警告或者终止培训退回原单位处分"的规定；第二十一条"使用大功率电器或者在非吸烟场所吸烟，经劝告后拒不改正的，给予警告或者严重警告处分；造成严重后果的，给予终止培训退回原单位处分"的规定；第二十二条"违反信访制度非法上访的，视情节轻重，给予严重警告或者终止培训退回原单位处分"的规定；第二十三条"违反网络安全规定，造成秘密信息外泄或者信息系统数据遭恶意篡改的，视情节轻重，给予警告或者严重警告处分；造成严重后果的，给予终止培训退回原单位处分"的规定；第二十四条"向楼下抛物倒水，视情节轻重，给予警告或者严重警告处分；造成严重后果的，给予终止培训退回原单位处分"的规定；第二十五条"违反公寓管理规定，在公寓内存放易燃易爆、管制刀具等违禁物品的，视情节轻重，给予警告或者严重警告处分；造成严重后果的，给予终止培训退回原单位处分"的规定；第二十六条"违反公寓管理规定，在公寓内私拉乱扯电源电线的，视情节轻重，给予警告或者严重警告处分；造成严重后果的，给予终止培训退回原单位处分"的规定；第二十七条"违反公寓管理规定，留宿他人的，视情节轻重，给予警告或者严重警告处分；夜不归宿的，视情节轻重，给予严重警告或者终止培训退回原单位处分"的规定；第二十八条"饮酒的，给予警告处分；饮酒导致行为失当，给予严重警告处分；造成严重后果的，给予终止培训退回原单位处分"的规定；第三十条"理工类培训班学员累计旷课达到 8 学时的，给予警告处分；累计旷课达到 16 学时的，给予严重警告处分；累计旷课达到 24 学时及以上的，给予终止培训退回原单位处分；非理工类培训班学员旷课学时减半进行处分。学员未办理请假手续而擅自缺课或者无故超假的，按旷课处理"的规定；第三十一条"经核实非本人参加培训的，视情节轻重，给予严重警告或者终止培训退回原单位处分"的规定；第三十五条"在学院调查学员违纪行为时，相关学员存在弄虚作假或者偏袒等不良行为的，视情节轻重，给予相关学员警告或者严重警告处分"的规定；第三十六条"通报达到三次的，给予警告处分；再次被通报的，给予严重警告直至终止培训退回原单位处分"的规定；第三十七条"符合本办法第九条规定情形之一的，视情节轻重，给予严重警告或者终止培训退回原单位处分"的规定；第三十八条"本办法未列举的其他违反国家法律法规，或者公司、学院规章制度，或者影响学院正常培训、生活秩序的行为，视情节轻重，给予警告或者严重警告或者终止培训退回原单位处分"的规定；第四十五条"处分结果和学员综合素质考评成绩挂钩，具体规定执行《国家电网有限公司技术学院分公司学员综合素质考评办法》"的规定。

3.《国家电网有限公司技术学院分公司新员工集中培训班学员综合素质考评办法》（技术学院学工〔2019〕46 号）

在学习过程中，应当特别关注以下条款：第八条"日常表现考评具体内容包括早操、晚自习、宿舍卫生、综合纪律、其他。日常表现考评采取减分方式，由辅导员负责。在公司规定的培训期间内，严禁学员在外留宿、外出就餐，因特殊原因确需请假外出的，必须严格履行请销假制度。学员请假情况纳入日常表现考评成绩"的规定；附件 2"日常表现考评标准"的规定，具体包括请假考评标准：一是早操请假，事假扣除 0.5 分、病假扣除 0.2 分、列席扣除 0.1 分；二是课堂请假，事假每请假 1 课时扣除 0.5 分、病假每请假 1 课时扣除 0.2 分；三是晚自习请假，事假每请假 1 课时扣除 0.5 分、病假每请假 1 课时扣除 0.2 分；四是晚休请假，办理请假手续后不在校区工作部、分院、合作基地内部住宿的，扣除 0.5 分（国家规定的法定节日除外）。违纪行为考评标准：一是发生《国家电网有限公司技术学院分公司新员工集中培训班学员违纪处分管理办法》规定的违纪行为，给予警告处分的，扣除 10 分，给予严重警告处分的，扣除 20 分；二是学员有违纪行为，但情节轻微，在给予通报批评的同时，扣除 5 分；三是每旷课 1 课时或者旷操的，一次扣除 2 分；四是流动吸烟的，一次扣除 1 分；五是未经允许晚归的，视情节轻重，一次扣除 1~2 分；六是请假信息与实际不符的，视情节轻重，一次扣除 1~3 分。公寓标准化考评标准：一是在阳台扶手摆放物品的，一次扣除 3 分；二是存在危害用电安全的行为，一次扣除 5 分；三是存在存放危险物品的行为，一次扣除 10 分。

4.《山东电力高等专科学校学生管理规定》（鲁电专学工〔2019〕7 号）

在学习过程中，应当特别关注以下条款：第二十三条"学生应当遵守国家法律法规和公民道德规范，不得有酗酒、打架斗殴、赌博、吸毒、卖淫、嫖娼，传播、复制、贩卖非法书刊和音像制品等违反治安管理规定的行为；不得参与非法传销和进行邪教、封建迷信活动；不得从事或者参与有损大学生形象、有损社会公德的活动"的规定；第二十四条"学生应当遵守学校规章制度，不得有迟到、早退、旷课、上课接打电话、上课睡觉等违反课堂秩序的行为；不得有旷操、不按要求整理内务等违反生活秩序的行为"的规定；第四十五条"学校积极开展心理健康教育工作，教育学生保持健康的心理状态，帮助学生克服因各种原因造成的心理障碍，把因心理问题引发的安全事故（事件）消除在萌芽状态"的规定。

5.《山东电力高等专科学校学生请销假管理办法》（鲁电专学工〔2019〕7 号）

在学习过程中，应当特别关注以下条款：第七条"学生因病、因事请假，应当填写《山东电力高等专科学校学生请销假单》并根据请假时长分别履行以下审批手续：（一）1天（含）以内的，由辅导员批准；（二）1 天以上、3 天（含）以内的，由校区工作部学员学生工作处批准；（三）3 天以上、1 周（含）以内的，由校区工作部学工负责人批准；（四）1 周以上、2 周（含）以内的，由校区工作部、学员学生工作部主要负责人批准；（五）2 周以上、6 周以内的，由校区工作部、学员学生工作部主要负责人审核，学校分管校长批准。（六）因病、因事请假累计超过 6 周（含）以上的，办理休（退）学手续"的规定。

6.《山东电力高等专科学校学生违纪处分管理办法》（鲁电专学工〔2019〕7 号）

在学习过程中，应当特别关注以下条款：第十六条"发生违法行为，承担行政责任的，视情节轻重，给予留校察看或者开除学籍处分；承担刑事责任的，给予开除学籍处分"的规定；第十八条"组织或者参与群体事件，影响学校正常的教学或者生活秩序的，对参与者视情节轻重，给予警告或者严重警告处分；对组织者视情节轻重，给予记过或者留校察看或者开除学籍处分"的规定；第十九条"打架斗殴的，对参与者视情节轻重，给予警告或者严重警告处分；对组织者视情节轻重，给予记过或者留校察看或者开除学籍处分"的规定；第二十二条"在校园内盗窃、诈骗、哄抢、抢夺、敲诈勒索或者故意损毁公私财物的，视情节轻重，给予警告或者严重警告或者记过处分；造成严重后果的，视情节轻重，给予留校察看或者开除学籍处分"的规定；第二十三条"在校园内赌博的，对参与者视情节轻重，给予警告或者严重警告处分；对组织者视情节轻重，给予记过或者留校察看或者开除学籍处分"的规定；第二十四条"使用大功率电器或者在非吸烟场所吸烟（其中，未成年学生不允许吸烟），经劝告后拒不改正的，给予警告或者严重警告或者记过处分；造成严重后果的，视情节轻重，给予留校察看或者开除学籍处分"的规定；第二十五条"违反信访制度非法上访的，视情节轻重，给予警告或者严重警告或者记过处分；造成严重后果的，视情节轻重，给予留校察看或者开除学籍处分"的规定；第二十六条"违反网络安全规定，造成秘密信息外泄或者信息系统数据遭恶意篡改的，视情节轻重，给予警告或者严重警告或者记过处分；造成严重后果的，视情节轻重，给予留校察看或者开除学籍处分"的规定；第二十七条"向楼下抛物倒水，视情节轻重，给予警告或者严重警告或者记过处分；造成严重后果的，视情节轻重，给予留校察看或者开除学籍处分"的规定；第二十八条"违反公寓管理规定，在公寓内存放易燃易爆、管制刀具等违禁物品的，视情节轻重，给予警告或者严重警告或者记过处分；造成严重后果的，视情节轻重，给予留校察看或者开除学籍处分"的规定；第二十九条"违反公寓管理规定，在公寓内私拉乱扯电源电线的，视情节轻重，给予警告或者严重警告或者记过处分；造成严重后果的，视情节轻重，给予留校察看或者开除学籍处分"的规定；第三十条"违反公寓管理规定，无正当理由晚归或者留宿他人的，视情节轻重，给予警告或者严重警告或者记过处分；无正当理由夜不归宿的，视情节轻重，给予记过或者留校察看或者开除学籍处分"的规定；第三十一条"饮酒的，给予警告处分；饮酒导致行为失当，视情节轻重，给予严重警告或者记过处分；造成严重后果的，视情节轻重，给予留校察看或者开除学籍处分"的规定。

7.《山东电力高等专科学校学生违反疫情防控规定处分办法》

（1）在学校排查学生及家庭成员健康状况过程中，学生不如实报送旅居经历、健康状况和可疑接触经历的，视情节轻重，给予严重警告或者记过处分；造成严重后果的，视情节轻重，给予留校察看或者开除学籍处分。

（2）学生在居家期间和返校、离校途中，违反国家、地方疫情防控规定，承担行政责任的，视情节轻重，给予留校察看或者开除学籍处分；承担刑事责任的，给予开除学籍处分。

（3）学生在规定返校日期前提前返校的，视情节轻重，给予严重警告或者记过处分；造成严重后果的，视情节轻重，给予留校察看或者开除学籍处分。

（4）学生在规定返校日期不能返校且不能提供证明材料的，视情节轻重，给予警告或者严重警告处分。

（5）学生存在拒绝佩戴口罩，或者拒不接受体温监测（含进出校门检测、日常进出学校内部各场所检测、夜间自检、周末及节假日检测等），或者拒不提供相关健康证明，或者拒不执行学校内部各场所疫情防控专项规定（含拒不执行食堂"单桌同向"就餐模式、分区域就餐制度，图书馆、综合训练馆、教育超市等重点场所人员限流时执意进入等）的，视情节轻重，给予严重警告或者记过处分；造成严重后果的，视情节轻重，给予留校察看或者开除学籍处分。

（6）学生在夜间自检中体温高于 37.3℃ 但未如实报告的，视情节轻重，给予严重警告或者记过处分；造成严重后果的，视情节轻重，给予留校察看或者开除学籍处分。学生干部在周末及节假日期间未严格履行班级学生体温监测任务，或者未如实报告发热学生情况的，视情节轻重，给予严重警告或者记过处分；造成严重后果的，视情节轻重，给予留校察看或者开除学籍处分。

（7）学生在疫情防控期间违反公寓管理规定，无正当理由晚归或者留宿他人的，视情节轻重，给予严重警告或者记过处分；造成严重后果的，视情节轻重，给予留校察看或者开除学籍处分。无正当理由夜不归宿的，视情节轻重，给予留校察看或者开除学籍处分。

（8）学生在疫情防控期间首次购买外卖食品的，给予警告处分；多次购买外卖食品的，视情节轻重，给予严重警告或者记过处分；购买外卖食品造成严重后果的，视情节轻重，给予留校察看或者开除学籍处分。

（9）学生拒不执行留观或者转诊工作的，视情节轻重，给予严重警告或者记过处分；造成严重后果的，给予留校察看或者开除学籍处分。

（10）学生发布关于疫情防控的不当或者不实言论，对学校或者其他个人造成不良影响的，视情节轻重，给予严重警告或者记过处分；造成严重后果的，视情节轻重，给予留校察看或者开除学籍处分。

（11）本办法所称"严重后果"，是指因学生个人原因，造成个人患病，或者造成他人患病风险，或者造成他人患病，或者学校及有关个人被上级行政主管部门通报批评、考核处分等的情形。

（12）本办法适用于疫情防控期间学生处分工作。

参 考 文 献

［1］ 程庆艳．大学生心理健康教育［J］．中外企业家，2017（3）：167－168.

［2］ 邓国璋．高校消防应急演练模式探讨［J］．课程教育研究（新教师教学），2012（4）：33.

［3］ 刘岩．论在普通高校开展急救与自救技能选修课的重要性［J］．才智，2014（33）：165.

［4］ 王晓琼，郑楠．大学生网络安全教育现状简析［J］．教育现代化，2018（31）：282－283，286.

［5］ 王萍．高校网络舆情研究［J］．法治与社会，2018（1）：237－238.

［6］ 沈德立．大学生心理健康［M］．北京：高等教育出版社，2013.

［7］ 郭念峰等．心理咨询师基础知识［M］．北京：中国劳动社会保障出版社，2017.

［8］ 楼朝辉．校园事故应急处理预案案例［J］．陕西教育（教学版），2006（4）：8.

［9］ 余石虎．体育课堂中发生学生意外伤害事故的案例分析及实践调查反思［J］．都市家教月刊，2013（7）：27－28.

［10］ 陆丽容．体育课伤害事故案例［J］．神州旬刊，2016（12）：16.

［11］ 陈素容．校园意外伤害事故案例分析［J］．金田，2013，310（11）：357－358.

［12］ 吴学秉．高校辅导员处理学生突发疾病的工作案例——以汕尾职业技术学院为例［J］．技术与市场，2012（10）：199－201.

［13］ 黄玉华．高校辅导员处理学生突发癫痫病的工作案例［J］．改革与开放，2017（21）：113－115.